住房城乡建设部土建类学科专业"十三五"规划教材

房地产类专业适用
FANGDICHANLEI ZHUANYE SHIYONG

房屋构造与维修

张艳敏 主　编
王　冰　副主编
刘　勇　顾玉兰　主　审

中国建筑工业出版社

图书在版编目（CIP）数据

房屋构造与维修：房地产类专业适用／张艳敏主编．—北京：中国建筑工业出版社，2019.6（2023.2重印）

住房城乡建设部土建类学科专业"十三五"规划教材

ISBN 978-7-112-23877-4

Ⅰ．①房… Ⅱ．①张… Ⅲ．①房屋结构－高等学校－教材 ②房屋－修缮加固－高等学校－教材 Ⅳ．①TU22 ②TU746.3

中国版本图书馆CIP数据核字（2019）第122690号

本书是以国家现行房地产行业职业规范以及建筑工程规范为依据，根据教材编写团队多年的工作实际经验及教学经验，结合学生和使用者的认知特点编写。

全书共有10章，主要内容包括：房屋构造与维修概论、地基基础构造与维修、砌体结构构造与维修、混凝土结构构造与维修、钢结构构造与维修、屋面防水结构构造与维修、其他防水结构构造与维修、房屋装饰工程构造与维修、房屋工程维修预算、房屋构造与维修实训。每章前设有学习目标、职场案例，每章后设有知识梳理与总结、思考与练习，供读者复习和巩固。

本书每章都围绕着房屋构造与维修中一个关键的工作任务编写，案例引入理论教学，让学生先感知工作实景再有针对性地进入理论学习，理实一体，将建筑构造知识与房屋维修技术有机融合，有助于培养学生解决实际问题的能力。

本书作为高等职业院校房地产经营与管理、房地产检测与估价、物业管理、建筑工程施工技术等相关专业进行专业学习的教学用书，也可供房地产、物业管理行业从事接管验收、房屋维修工作的人员培训及业务提升的学习参考。

为更好地支持相应课程的教学，我们向采用本书作为教材的教师提供教学课件，有需要者可与出版社联系，邮箱：jckj@cabp.com.cn，电话：（010）58337285，建工书院https://edu.cabplink.com（PC端）。

责任编辑：张　晶　牟琳琳
责任校对：王　瑞　姜小莲

住房城乡建设部土建类学科专业"十三五"规划教材

房屋构造与维修

（房地产类专业适用）

张艳敏　主　编

王　冰　副主编

刘　勇　顾玉兰　主　审

*

中国建筑工业出版社出版、发行（北京海淀三里河路9号）

各地新华书店、建筑书店经销

北京建筑工业印刷厂制版

北京建筑工业印刷厂印刷

*

开本：787×1092毫米　1/16　印张：14¾　插页：4　字数：334千字

2019年9月第一版　　2023年2月第二次印刷

定价：**35.00**元（赠教师课件）

ISBN 978－7－112－23877－4

　　　（34186）

教材编审委员会名单

序 言

全国住房和城乡建设职业教育教学指导委员会房地产类专业指导委员会（以下简称"房地产类专指委"），是受教育部委托，由住房和城乡建设部组建管理的专家组织。其主要工作职责是在教育部、住房和城乡建设部、全国住房和城乡建设职业教育教学指导委员会的领导下，负责住房和城乡建设职业教育的研究、指导、咨询和服务工作。按照培养高端技术技能型人才的要求，围绕房地产类的就业领域和岗位群研制高等职业教育房地产类专业的教学标准，研制房地产经营与管理、房地产检测与估价、物业管理和城市信息化管理等房地产类专业的教学基本要求及顶岗实习导则，持续开发和完善"校企合作、工学结合"及理论与实践紧密结合的特色教材。

高等职业教育房地产类的房地产经营与管理和房地产检测与估价（原房地产经营与估价专业）、物业管理等专业教材自 2000 年开发以来，经过"优秀评估"、"示范校建设"、"骨干院校建设"等标志性的专业建设历程和普通高等教育"十一五"国家级规划教材、"十二五"国家级规划教材、教育部普通高等教育精品教材等建设经历，已经形成了具有房地产行业特色的教材体系。发展至今又新开发了城市信息化管理专业教材建设，以适应智慧城市信息化建设需求。

根据住房和城乡建设部人事司《全国住房和城乡职业教育教学指导委员会关于召开高等职业教育土木建筑大类专业"十三五"规划教材选题评审会议的通知》（建人专函〔2016〕3号）的要求，2016 年 7 月，房地产类专指委组织专家组对规划教材进行了细致地研讨和遴选。2017年7月，房地产类专指委组织召开住房和城乡建设部土建类学科房地产类专业"十三五"规划教材主编工作会议，专指委主任委员、副主任委员、专指委委员、教材主编教师、行业和企业代表及中国建筑工业出版社编辑等参加了教材撰写研讨会，共同研究、讨论并优化了教材编写大纲、配套数字化教学资源建设等方面内容。这次会议为"十三五"规划教材建设打下了坚实的基础。

近年来，随着国家房地产相关政策的不断完善、城市信息化的推进、装配式建筑和全装修住宅推广等，房地产类专业的人才培养目标、知识结构、能力架构等都需要更新和补充。房地产类专指委研制完成的教学基本要求和专业标准，为本系列教材的编写提供了指导和依据，使房地产类专业教材在培养高素质人才的过程中更加具有针对性和实用性。

本系列教材内容根据行业最新政策、相关法律法规和规范标准编写，在保证内容正确和先进性的同时，还配套了部分数字化教学资源，方便教师教学和学生学习。

本系列教材的编写，继承了房地产类专指委一贯坚持的"以就业为导向，以能力为本位，以岗位需求和职业能力标准为依据，以促进学生的职业发展生涯为目标"的指导思想，该系列教材必将为我国高等职业教育房地产类专业的人才培养作出贡献。

全国住房和城乡建设职业教育教学指导委员会
房地产类专业指导委员会
2017 年 11 月

前　言

随着我国城市化建设的全面展开，民用建筑、公共建筑、城市综合体等房屋建筑投入使用后，建筑施工质量好坏直接影响业主的工作及生活。物业管理人员作为维修工作的组织者和协调者，不仅要熟悉房屋构造、损坏原因、日常养护要点，还需了解房屋维修技术、施工管理要点、维修预算的编制等工作，才能使房屋稳定、可靠、安全的使用，才能降低维护费用，延长房屋的使用寿命，从而达到保值增值的管理目标。

根据学生和使用者的认知特点，在编写教材时结合房屋构造与维修工作环节典型工作任务分解章节，每一典型任务为一教学模块，每一模块都提供真实的物业工程维修案例，引入理论教学；从建筑构造到产生损坏的原因，再结合具体的工程实例讲解房屋维修技术、维修工作的管理和维修预算的方法，理实一体，注重实践，将建筑知识与房屋维修技术有机融合，有助于培养学生解决实际问题的工作能力。

该教材配有详细的完善的PPT、案例及工程维修施工图片、相关的行业标准集规范等资料。本教材由武汉职业技术学院建筑工程学院张艳敏任主编并负责全书统稿和部分章节的编写，王冰担任副主编并编写部分章节。具体分工为：张艳敏编写第1～10章房屋构造与维修内容，王冰编写1～5，6～8章结构部分及部分工程案例，李秀编写第5章，杨鸽负责实训部分图纸的整理、汇总及实训书的编写，章晓霞负责部分内容编写，全教材由武汉职业技术学院刘勇副教授担任专业主审、武汉市物业管理协会秘书长顾玉兰担任行业主审，在此感谢武汉建工富强置业有限公司王艳华高级工程师、自然资源部深圳市数字城市工程研究中心高级工程师张玉茜、中铁建物业有限公司总经理张鑫提供大量的工程资料和建议。

由于时间仓促和编写水平有限，本教材难免有不足之处，希望能得到广大师生和读者批评指正。

编者

2019年4月

目　录

房屋构造与维修概论 1

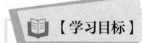

【学习目标】

1. 了解本课程的知识体系及学习方法；
2. 了解建筑构造专业知识对房屋管理与维修工作的作用；
3. 理解房屋维修管理工作的重要性及其工作要求。

1.1 职场案例

1. 案例引入

××被分配到××物业管理公司××项目部工程部实习，在第一天入职培训时，项目经理张经理为实习生仔细讲解公司各部门岗位职责及工作注意事项，节选主要岗位职责如下：

《××物业管理有限公司各部门岗位职责》(节选)

物业助理岗位职责

了解房屋构造、设施设备等维修的基础知识。

全面负责小区业主二次装修的审批及监管工作。

负责装修施工单位装修手续的办理及各项费用的收取工作。

负责组织业主二次装修的竣工验收及装修押金的退还手续。

……

工程助理岗位职责

在管理处主任领导下，全面负责维修组的各项工作。

负责组织开展所管辖区域内房屋、工程设施设备的维护、养护、运行及管理。

负责制定房屋、设施设备管理制度、设施设备操作规程、工作程序、质量标准、住户装修管理制度等，并负责组织实施。

负责组织编写、审核年度、月度工作计划、工作总结、资金计划、材料计划和设备维保计划。

负责协调部门间、员工间的关系，确保各项工作顺利开展，及时处理住户的投诉意见，定期或不定期巡视所管辖园区，发现问题及时处理或移交相关部门处理。

负责审核业主的室内装修方案以及广告牌的制作安装。

负责编制、审核工程整改、有偿维修服务、维修及时率、业主满意率、设备完好率、共用水电气费等月度、年度统计报表及其分析。

配合信息中心的房屋及维修设施设备维修（含外委维修）的定价、签证工作。

配合信息中心对接管物业的工程质量验收及社会职能部门和集团公司职能部门的协调。

负责小区设施设备的验收与管理，建立详细的设施、设备台账，进行详细标识。

制定切实可行的节能措施，减少水、电、维修材料的消耗，降低管理成本。

归口管理技术文件，做好设施设备资料的收集、整理、完善、建档及管理。

……

2. 案例思考

（1）做好物业管理工作为什么要掌握房屋构造等专业知识？

（2）什么是房屋管理与维修工作？具体的工作内容是什么？

（3）掌握房屋构造方面的知识对从事房屋管理与维修工作有什么帮助？

1.2　建筑构造概论

建筑构造是研究建筑物各组成部分的构造原理和构造方法的学科，是建筑设计不可分割的一部分。其主要任务在于根据建筑物的功能要求，并考虑材料性能、受力情况、施工方法、建筑形象等因素，提供适用、安全、经济、美观的构造方案，以作为建筑设计中综合解决技术问题及进行施工图设计、绘制大样图等的依据。

1.2.1　建筑物的分类和等级划分

1. 按使用性质分类

按建筑物的使用性质，建筑物可以分为民用建筑、工业建筑和农业建筑。

（1）民用建筑

民用建筑是指非生产性建筑，包括居住建筑和公共建筑。

居住建筑是指供人们集体和家庭生活起居用的建筑物，如住宅、宿舍和公寓等。公共建筑是指供人们进行各种社会活动的建筑物，按性质不同又可分为14类。

1）办公建筑：机关、企事业单位的办公楼（写字楼）等。

2）教育科研建筑：教学楼、科学实验楼等。

3）文化娱乐建筑：展览馆、博物馆、图书馆、影剧院、文化宫等。

4）体育建筑：体育场、体育馆、游泳馆、网球场、高尔夫球场等。

5）商业建筑：商场、商店、专卖店、餐饮店、超市等。

6）旅馆建筑：宾馆、旅馆、招待所等。

7）医疗与福利建筑：医院、疗养院、休养所、福利院等。

8）交通建筑：客运站、航空港、地铁站、停车设施等。

9）邮电建筑：邮局、电信所、广播电视台、卫星地面站等。

10）纪念性建筑：纪念堂、纪念馆、纪念碑、纪念塔等。

11）司法建筑：法院、监狱等。

12）园林建筑：公园、小游园、动物园、植物园等。

11）市政公用设施建筑：公共厕所、消防站、燃气站、加油站等。

14）综合性建筑：集多种功能为一体的建筑。

（2）工业和农业建筑

工业和农业建筑也称为生产性建筑。

工业建筑：指为工业生产服务的生产车间及为生产服务的辅助车间、动力用房、仓储等。

农业建筑：指供农（牧）业生产和加工用的建筑，如种子库、农副产品仓库、温室、畜禽饲养场、农副产品加工厂、农机修理厂（站）等。

2. 按民用建筑规模和数量分类

大量性建筑：指单体建筑规模不大，但兴建数量多、分布面广、与人们生活密切相关的建筑，如住宅、学校、商店、医院、中小型办公楼等。

大型性建筑：指规模大、造价高、影响大，但数量非常有限的建筑，如大型体育馆，航空港，一些城市标志性建筑等。

3. 按民用建筑层数或高度分类

根据现行《民用建筑设计通则》GB 50352和《建筑设计防火规范》GB 50016—2014的相关规定：

（1）住宅建筑按层数分类：① 1～3层为低层住宅；② 4～6层为多层住宅；③ 7～9层为中高层住宅；④ 10层及10层以上为高层住宅；

（2）公共建筑按高度分类：① 普通建筑指建筑高度大于24m的单层公共建筑；② 高层建筑指建筑高度超过24m的公共建筑（不适用于单层主体建筑高度超过24m的体育馆、食堂、剧院等公共建筑，以及高层建筑中的人民防空地下室）；

（3）超高层建筑指建筑高度超过100m的建筑物。

4. 按建筑的设计使用年限分类

根据现行《民用建筑设计通则》GB 50352的规定，建筑的设计使用年限分为4类，应符合规范规定（表1-1）。

设计使用年限分类 表1-1

级别	设计使用年限（年）	示　例
1	5	临时性建筑
2	25	易于替换结构构件的建筑
3	50	普通建筑和构筑物
4	100	纪念性建筑和特别重要的建筑

5. 按建筑物的耐火等级分类

建筑物的耐火等级是衡量建筑物耐火程度的标准，是由建筑物构件的燃烧性能和耐火极限决定的，划分建筑物耐火等级的目的在于根据建筑物的用途不同提出不同的耐火等级，做到既安全又节约资源。一般来说，耐火等级高的建筑物，火灾时烧坏倒塌的少，等级低的建筑物，火灾时不耐火，燃烧快，损失也大。现行《建筑设计防火规范》将建筑物的防火等级分为四级，见表1-2。

建筑构件的燃烧性能是指建筑构件在空气中受到火烧或者遇到高温时反应是不同的，可分为非燃烧体、燃烧体和难燃烧体。非燃烧体是用非燃烧材料做成的构件，它在空气中受到火烧或者遇到高温时不起火，不微燃，如天然石材、人工石材、金属材料等。燃烧体是用燃烧材料做成的构件，它在空气中受到火烧或者遇到高温时立即起火或燃烧，如普通胶合板、未经处理的木材等。难燃烧体是用难燃烧材料做成的构件，或用燃烧材料做成而用非燃烧材料做保护层的构件。在空气中受到火烧或者遇到高温时难燃烧，难碳化，如石膏板，经防火处理的木材，沥青混凝土构件等。

建筑物耐火等级表   表1-2

燃烧性能和耐火极限（h）　　耐火等级　　构件名称		一级	二级	三级	四级
墙柱	防火墙	非燃烧体3.00	非燃烧体3.00	非燃烧体3.00	非燃烧体3.00
	承重墙、楼梯间、电梯井墙	非燃烧体3.00	非燃烧体2.50	非燃烧体2.50	难燃烧体0.50
	非承重外墙、疏散走道两侧的隔墙	非燃烧体1.00	非燃烧体1.00	非燃烧体0.50	难燃烧体0.25
	房间隔墙	非燃烧体0.75	非燃烧体0.50	难燃烧体2.50	难燃烧体0.25
	支承多层的柱	非燃烧体3.00	非燃烧体2.50	非燃烧体2.00	难燃烧体1.50
	支承单层的柱	非燃烧体2.50	非燃烧体2.00	非燃烧体2.00	燃烧体
梁		非燃烧体2.00	非燃烧体1.50	非燃烧体1.00	难燃烧体0.50
楼板		非燃烧体1.50	非燃烧体1.00	非燃烧体0.50	难燃烧体0.25
屋顶承重构件		非燃烧体1.50	非燃烧体0.50	燃烧体	燃烧体
疏散楼梯		非燃烧体1.50	非燃烧体1.00	非燃烧体1.00	燃烧体
吊顶（包括吊顶搁栅）		非燃烧体0.25	难燃烧体0.25	难燃烧体0.15	燃烧体

注：1. 以木柱承重且以非燃烧材料作为墙体的建筑物，其耐火等级应按四级确定；
　　2. 二级耐火等级的建筑物吊顶，如采用非燃烧体时，其耐火极限不限。

建筑构件的耐火极限是指建筑构件在受到火的作用时开始到失去支持能力或完整性被破坏，或失去隔火能力作用时为止的这段时间，用小时表示。构件出现了上述现象之一，就认为其达到了耐火极限。失去支持能力是指构件在燃烧时，材料的性能发生变化失去其原有的承载能力。如钢筋混凝土梁，在受火时达到一定程度可以使其丧失承载力。完整性被破坏如预应力钢筋混凝土楼板，在高温时，钢筋先丧失承载能力，发生炸裂，楼板完整性进而被破坏。失去隔火能力是指具有分隔作用的构件，在受火时候背火面任一点的温度达到220℃，就认为构件已经丧失了隔火作用。

1.2.2 建筑模数协调统一标准

由于从事建筑设计，施工和构件加工的企业一般都是各自独立的。为提高建筑标准化和工业化水平，协调建筑设计、施工和构件加工之间的尺度关系，应选定标准尺度单位，即模数。一般民用与工业建筑物的设计和房屋建筑中采用的各种建筑制品、构配件、组合件的尺寸及设备、贮藏单元和家具等的协调尺寸必须共同遵守《建筑模数协调标准》GB/T 50002—2013（以下简称标准）。以便有利于简化构件类型，保证工程质量，提高施工效率和降低工程造价。

1. 基本模数：基本模数是模数协调中选用的基本单位，其数值规定为100mm，表示符号为M，即1M＝100mm，整个建筑物或其中一部分以及建筑组合件的模数化尺寸均应是基本模数的倍数。

2. 扩大模数：指基本模数的整倍数。有水平扩大模数和竖向扩大模数。

（1）水平扩大模数为3M、6M、12M、15M、30M、60M共6个，其相应的尺寸分别为300mm、600mm、1200mm、1500mm、3000mm、6000mm。主要适用于门窗洞口、结构配件、建筑开间（柱距）和进深（跨度）的尺寸。

（2）竖向扩大模数的基数为3M、6M两个，其相应的尺寸为300mm、600mm。主要适用于建筑物的高度、层高和门窗洞口等尺寸。

3. 分模数：指整数除基本模数的数值。分模数的基数为M/10、M/5、M/2等3个，其相应的尺寸为10mm、20mm、50mm。主要适用于构件之间的缝隙、构造节点、构配件截面等尺寸。

4. 模数数列：指由基本模数、扩大模数、分模数为基础扩展成的一系列尺寸（模数数列的幅度及适用范围如下）。

（1）水平基本模数的数列幅度为（1～20）M。主要适用于门窗洞口和构配件断面尺寸。

（2）竖向基本模数的数列幅度为（1～36）M。主要适用于建筑物的层高、门窗洞口、构配件等尺寸。

（3）水平扩大模数数列的幅度：3M为（3～75）M；6M为（6～96）M；12M为（12～120）M；15M为（15～120）M；30M为（30～360）M；60M为（60～360）M，必要时幅度不限。主要适用于建筑物的开间或柱距、进深或跨度、构配件尺寸和门窗洞口尺寸。

（4）竖向扩大模数数列的幅度不受限制。主要适用于建筑物的高度、层高、门窗洞口尺寸。

（5）分模数数列的幅度。M/10为（1/10～2）M，M/5为（1/5～4）M；M/2为（1/2～10）M。主要适用于缝隙、构造节点、构配件断面尺寸。

但是值得注意的是，凡属下列情况的可不执行该标准的规定：改建原有不符合模数协调或受外界条件限制而执行本标准确有困难的建筑物；设计有特殊功能要求的或执行本标准在技术、经济方面不合理的建筑物；设计特殊形体的建筑物和建筑物的特殊形体部分；房屋建筑的墙体、楼板的厚度和构配件截面的尺寸等可采用非模数化尺寸。

1.2.3 建筑物的构造组成及其作用

一幢建筑，一般是由基础、墙或柱、楼板层和地坪、楼梯、屋顶和门窗等6大部分组成（图1-1）。

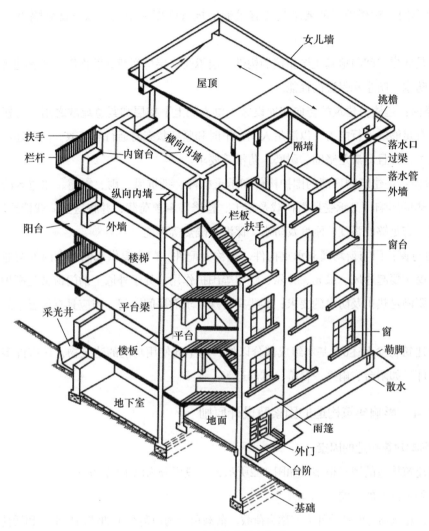

图1-1 房屋的名基本组成

1. 基础：基础位于建筑物的最下部，埋于自然地坪以下，承受上部传来的所有荷载，并把这些荷载传给下面的土层（该土层称为地基）。因此，基础必须具有足够的强度、刚度和稳定性，并能抵御地下各种有害因素的侵蚀（地下水及所含化学物质的侵蚀）。

2. 墙（或柱）：是建筑物的承重构件和围护构件。它承受着由屋盖和各楼层传来的各种荷载，并把这些荷载可靠地传给基础。对于这些构件设计必须满足强度和刚度要求。作为承重构件的外墙，还必须能够抵御自然界各种因素对室内的侵袭，所以对墙体还有保温、隔热、防水、防火、耐久等性能。内墙起着分隔空间及保证舒适环境的作用。框架或排架结构的建筑物中，柱子可以代替墙体支撑建筑物上部构件传来的荷载，利用柱子可以扩大建筑空

7

间，提高建筑空间的灵活性。柱子要有足够的强度和稳定性。

3. 楼板层和地坪：楼板层直接承受着各楼层上的家具、设备、人的重量和楼层自重；同时楼层对墙或柱有水平支撑的作用，传递着风荷载、地震作用等侧向水平荷载，并把上述各种荷载传递给墙或柱；楼层常有面层、结构层和顶棚三部分组成，对房屋有竖向分隔空间的作用。对楼板层的要求是要有足够的抗弯强度和刚度，以及良好隔声、防渗漏性能。

地坪是底层房间与地基土层相接的构件，起承受底层房间荷载的作用。要求地坪具有耐磨防潮、防水、防尘和保温的性能。

4. 楼梯：是楼房建筑的竖向交通设施。供人们上下楼层和紧急疏散之用。对楼梯的基本要求是有足够的通行能力，以满足人们在平时和紧急状态时通行和疏散。同时还应有足够的承载能力，并且应满足坚固、耐磨、防滑等要求。

5. 屋顶：是建筑物顶部的围护构件和承重构件。抵抗风、雨、雪霜、冰雹等的侵袭和太阳辐射热的影响；又承受风雪荷载及施工、检修等屋顶荷载，并将这些荷载传给墙或柱。故屋顶应具有足够的强度、刚度及防水、保温、隔热等性能。

6. 门与窗：门与窗均属非承重构件，也称为配件。门主要供人们出入内外交通和分隔房间用，窗主要起通风、采光、分隔、眺望等围护作用。处于外墙上的门窗又是围护构件的一部分，要满足热工及防水的要求；某些有特殊要求的房间，门、窗应具有保温、隔声、防火的能力。

一座建筑物除上述6大基本组成部分以外，对不同使用功能的建筑物，还有许多特有的构件和配件，如阳台、雨篷、台阶、排烟道等。

1.2.4 影响建筑构造的因素及设计原则

1. 影响建筑构造的因素

影响建筑构造的因素很多，如图 1-2所示，一般可分为以下5个方面。

（1）外力因素的影响

作用在建筑物上的各种外力统称为荷载。荷载可分为恒荷载（如结构自重）和活荷载（如人群、家具、风雪荷载及地震作用）两类。荷载的大小对结构形式、建筑材料和构件断面尺寸、形状影响很大。在确定构造方案时，要准确计算各种荷载的大小，充分认识荷载对建筑的影响特征。风荷载一般是高层建筑物的主要水平荷载，而地震作用会对建筑物产生严重破坏。

（2）气候条件的影响

我国各地区地理位置及环境不同，气候条件有许多差异。太阳的辐射热，自然界的风、雨、雪、霜、地下水等构成了影响建筑物的多种因素。故在进行构造设计时，应该针对建筑物所受影响的性质与程度，对各有关构、配件及部位采取必要的防范措施，如防潮、防水、保温、隔热、设伸缩缝、设隔蒸汽层等，以防患于未然。

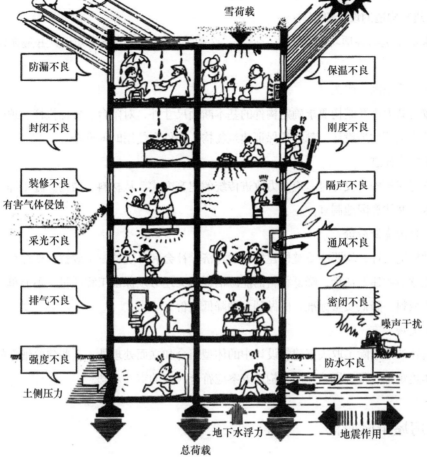

图1-2 影响建筑构造的因素

（3）各种人为因素的影响

人们在生产生活中，常伴随着产生一些不利于环境的负效应，诸如噪声、机械振动、化学腐蚀、烟尘，有时还有可能产生火灾等，对这些因素设计时要认真分析，采取相应的防范措施，针对这些影响因素，采取相应的防火、防爆、防振、防腐、隔声等构造措施，以防止建筑物遭受不应有的损失。

（4）建筑技术条件的影响

建筑技术条件是指建筑结构、建筑材料、和建筑施工等方面。建筑构造做法不能脱离一定的建筑技术条件而存在。随着科学技术的发展，各种新材料、新技术、新工艺不断产生，例如悬索、薄壳、网架等空间结构建筑，点式玻璃幕墙，彩色铝合金等新材料的吊顶，采光天窗中庭等现代建筑设施的大量涌现，可以看出，建筑构造没有一成不变的固定模式，因而建筑构造的设计、施工等也要根据行业的发展状况和趋势不断改进和发展。

（5）经济条件的影响

随着建筑技术的不断发展和人们生活水平的日益提高，人们对建筑的使用要求也越来越高。建筑标准的变化带来建筑的质量标准、建筑造价等也出现较大差别。对建筑构造的要求也将随着经济条件的改变而发生着大的变化。

2. 建筑构造的设计原则

在满足建筑物各项功能要求的前提下，必须综合运用有关技术知识，并遵循以下设计原则：

（1）结构坚固、耐久

除按荷载大小及结构要求确定构件的基本断面尺寸外，对阳台、楼梯栏杆、顶棚、门窗与墙体的连结等构造设计，都必须保证建筑物构、配件在使用时的安全。

（2）技术先进

在进行建筑构造设计时，应大力改进传统的建筑方式，从材料、结构、施工等方面引入先进技术，并注意因地制宜。

（3）合理降低造价

各种构造设计，均要注重整体建筑物的经济、社会和环境的三个效益，即综合效益。在经济上注意节约建筑造价，降低材料的能源消耗，又还必须保证工程质量，不能单纯追求效益而偷工减料，降低质量标准，应做到合理降低造价。

（4）美观大方

建筑物的形象除了取决于建筑设计中的体型组合和立面处理外，一些建筑细部的构造设计对整体美观也有很大影响。所以构造方案应符合人们的审美观念。

1.3 房屋维修概论

房屋管理、养护与维修工作是物业管理中及其重要的工作环节，它决定了建筑物经济寿命的长短从而也决定了房地产价值。良好的物业管理可以提升房地产的价值，现在在购买房产时越来越多的人关注物业管理。引起房屋经济寿命结束的原因有很多，可能是技术方面的，也可能是经济方面的或管理方面的。作为一名从事管理、养护与维修的物管人员一定要认真学习建筑构造相关知识，熟知影响房屋经济寿命的原因，并掌握延长房屋经济寿命的技术方法。

1.3.1 房屋损坏的原因

房屋建成交付使用后，由于多种原因的影响，开始损坏。房屋的损坏分为外部损坏和内部损坏。房屋的外部损坏是指房屋的外露部位，如屋面、外墙、勒脚、外门窗和防水层等的污损、起壳、锈蚀及破坏等现象。内部损坏是指房屋的内部结构、装修、内门窗、各类室内设备的磨损、污损、起壳、蛀蚀及破坏现象。房屋外部项目的长期失修，会加速内部结构、装修、设备的损坏。导致房屋损坏的原因是多方面的，基本上可分为自然损坏和人为损坏两类。

1．自然损坏

自然损坏的因素主要有以下4种：气候因素、生物因素、地理因素和灾害因素。以上4种因素对房屋不同部分的构件产生不同影响，所引起的损坏也不尽相同。自然损坏的速度是缓慢的，突发性的。

（1）气候因素

房屋因经受自然界风、霜、雨、雪和冰冻的袭击以及空气有害物质的侵蚀与氧化作用，会对其外部构件产生老化和风化的影响，这种影响随着大气干湿度和温度的变化会有所不同，但都会使构件发生风化剥落，质量引起变化。例如木材的腐烂糟朽、砖瓦的风化、铁件的锈蚀、钢筋混凝土的胀裂、塑料的老化等，尤其是构件的外露部分更易损坏。

（2）生物因素

主要是虫害（如白蚁、蟑螂、老鼠、蛾、蜘蛛等）、菌类（如霉菌、湿腐菌、干腐菌等）的作用，使建筑物构件的断面减少、强度降低；而且还会损坏建筑物装饰材料表面，反映在墙纸的剥落、褪色，地毯虫蛀，木质地板的损坏，石膏碎落，灯饰电源的损坏，通风口的堵塞以及蜘蛛网等方面，影响建筑物的观瞻。

（3）地理因素

这主要指地基土质如软土、膨胀土、湿陷性黄土等分布地区如预防或处理不当就会引起房屋的不均匀沉降对上不结构造成不良影响。地基盐碱化作用也会引起房屋的损坏，尤其是建在盐碱土壤上的建筑物，如不采取预防措施，盐碱侵蚀建筑砌体后，不但会影响建筑物的使用功能和观瞻效果，还会大大缩短使用寿命，造成重大经济损失。

（4）灾害因素

主要是突发性的天灾人祸如洪水、火灾、地震、滑坡、龙卷风、战争等对建筑物所造成的损坏。有些损坏是可以修复的，有些是不可修复的。

2．人为损坏

人为损坏是相对于自然损坏而言的，主要有以下几种情况：使用不当、设计和施工质量的低劣、预防保养不善等因素。

（1）使用不当

由于人们在房屋内生活或生产，人们的生产或生活活动以及设备、生活日用品承载的大小、摩擦撞击的频率、使用的合理程度等都会影响房屋的寿命。如不合理的改装、搭建，不合理的改变房屋用途等都会使房屋的某些结构遭受破坏，或者造成超载压损；使用上爱护不够或使用不当而产生的破坏；此外，由于周围设施的影响而造成房屋的损坏，例如因人防工程、市政管道、安装电缆等，因缺乏相应技术措施而导致塌方或地基沉降，造成房屋墙体的闪动、开裂及其他变形等。

（2）设计和施工质量的低劣

设计和施工质量的低劣这是先天不足，房屋在建造或修缮时，由于设计不当，质量差，或者用料不符合要求等，影响了房屋的正常使用，加速了房屋的损坏。例如房屋坡度不符合要求，下雨时排水不畅造成漏水；砖墙砌筑质量低劣，影响墙体承重力而损坏变形；有的木结构的木材质量差或制作不合格，安装使用后不久就变形、断裂、腐烂；有的水泥晒台、阳台因混凝土振捣质量差或钢筋位置摆错而造成断裂等。

（3）预防保养不善

有的房屋和设备，由于没有适时地采取预防保养措施或者修理不够及时，造成不应产生的损坏或提前损坏，以致发生房屋破损、倒塌事故，如钢筋混凝土露筋、散水裂缝、未及时保养，都可能酿成大祸。

房屋的各部位因所处的自然条件和使用状况各有不同，损坏的产生和发展是不均衡的。即使在相同的部位、相同的条件下，由于使用的材料不同，其强度和抗老化的性能的不同，损坏也会有快有慢。上述因素往往相互交叉影响或作用，从而加剧了房屋破损的过程。房屋内部外部损坏的项目现象分析如图1-3所示。

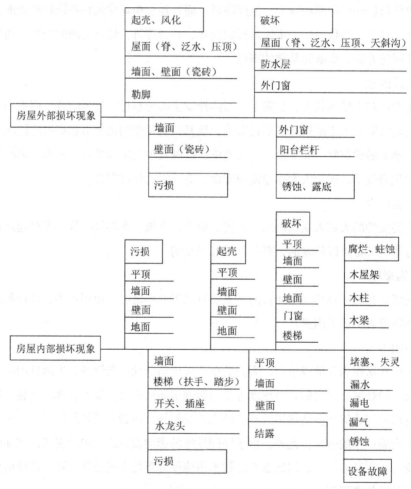

图1-3　房屋损坏的项目现象分析图

1.3.2　房屋维修工程的分类

按照房屋维修的不同性质，房屋维修可分为不同的类型。

1．按维修对象的不同可分成结构性维修和非结构性维修

结构性维修是指为保证房屋结构安全、适用和耐久，对老朽、破损或强度、刚度不足的房屋结构构件进行检查、鉴定及修理。

非结构性维修是指为保障房屋的正常使用和改善居住条件，对房屋的装修、设备等部分的更新、修理和增设，其主要作用是恢复房屋的使用功能，保护结构构件免遭破坏，延长房屋的使用年限。

2．按所维修房屋的完损程度不同需要进行小修、中修、大修、翻修和综合维修

小修也称维护，是指对房屋的日常零星维修维护工作，其目的是使房屋保持原来的等级屋面补漏，修补面层、泛水、屋脊等。如钢、木门窗的整修，拆换五金，配玻璃，换窗纱，油漆等。小修工程要及时维修，否则会影响生产或生活的正常进行，维修造价是同类结构新建造价的1%以下。小修是经常性的检修和养护工作，可以通过定期或不定期的、全面和重点的检查，通过用户保修和定期与用户联系等方法，及时地发现和修复破损部位，及保证全部房屋建筑以及附属设备的完好和使用。

中修是指房屋少量部位已损坏或不符合建筑结构要求，需进行局部修理，在修理中需牵动或拆换少量主体构件，但保持原房屋的规模和结构，是一般损坏的房屋，中修的维修造价是同类结构新建造价的20%以下。如拆换木梁柱或加固部分钢筋混凝土梁柱，墙体的局部拆砌，加固补强；平屋面防水层的部分重做或全部重做；室内外墙面装修的大面积修补或重做等都属于中修工程。

大修是指房屋的主要结构部位损坏严重，房屋已不安全，需要进行全面的修理，在修理中需牵动或拆除部分主体构件的修理工作。属于严重损坏的房屋；大部分受损但无倒塌危险或局部有危险而仍要继续使用的房屋，维修造价是同类结构新建造价的25%以上，如需对主体结构进行全面的抗震加固的房屋，因改善居住条件需要局部改造的房屋，屋面升高，平屋顶上增建坡屋顶等工程。

翻修是指房屋已失去维修价值，主体结构严重损坏，丧失正常使用功能，有倒塌危险，需全部拆除，另行设计，重新在原地或异地进行更新建造的过程。适用于主体结构严重损坏，丧失正常使用功能，有倒塌危险，无维修价值的房屋，基本建设规划范围内需要拆迁恢复的房屋。一般该类工程不能扩大面积，以原有房屋旧料为主，其费用应低于该建筑物同类结构的新建造价。

综合维修工程一般也称为成片轮修工程，指成片多栋（大楼为单栋）房屋大、中、小修一次性应修、尽修的工程，综合维修工程一次费用应在该片（栋）建筑同类结构新建造价的20%以上。综合维修后的房屋必须符合基本完好或完好房屋标准的要求。

3．按经营管理的性质不同可分成恢复性维修、赔偿性维修、补偿性维修、返工性维修和救灾性维修

恢复性维修是指修复因自然损耗造成损坏的房屋及其构件的维修活动，它的作用是恢复房屋的原有状况与功能，保障居住安全和正常使用。

赔偿性维修是指修复因用户私自拆改、增加房屋荷载、改变使用性质、违约使用以及过失造成损坏的房屋及其构件的维修活动，其维修费用应由责任人承担。

补偿性维修是指在房屋移交时，通过对该房屋的质量、完损情况进行检查鉴定，发现有影响居住安全和使用的损坏部位，而对房屋进行的一次性的维修工作，其费用由移交人与接受人通过协商解决。

返工性维修是指因房屋的设计缺陷、施工质量或管理不当造成的再次维修，其维修费用由责任人承担。

救灾性维修是指修复因自然灾害造成损坏的房屋及其构件的维修活动，对于重大自然灾害，如风灾、火灾、水灾、震灾等，维修费用由政府有关部门拨专款解决，对于人为失火造成的灾害，维修费用按"赔偿性维修"规定的办法处理，责任者需担负全部或部分费用。

1.3.3 物业公司房屋维修工作程序

1. 做好对所管房屋的查勘鉴定和日常巡视工作

为了掌握房屋的使用情况和完损状况，物业管理公司必须做好房屋的查勘鉴定工作。查勘鉴定是掌握所管房屋完损程度的一项经常性的管理基础工作，为维护和修理房屋提供依据，并可以根据房屋的用途和完好情况进行科学的管理，在确保业主居住安全的基础上，尽可能地提高房屋的使用价值并合理延长房屋的使用寿命。查勘鉴定一般可分为定期查勘鉴定、季节性查勘鉴定及工程查勘鉴定等。

房屋使用状况的日常巡视和管理被称为物业管理的前馈控制，是在业主没有投诉甚至在没有发现房屋损坏前所采取得一种事前控制的方法，该方法可以大大降低业主对房屋质量问题的投诉，提高物业服务的满意度，是提高物业服务质量的有效的措施。

2. 房屋维修问题的登记

房屋维修信息的登记是维修工作的重要依据，登记信息的正确性和完整性直接关系到维修工作的好坏。房屋维修问题的登记根据问题的来源主要分为三种：一是，物业公司员工在日常巡视时发现维修问题的登记；二是，业主在装修和使用中发现问题通过电话登记；三是，业主直接到物业服务中心进行登记。在维修信息登记时第二种和第三种登记是容易出现信息失真现象。信息失真主要是因业主对维修问题认识不专业而描述不清，片面的报修信息导致前台工作人员记录错误，错误的信息会误导维修人员，导致维修方法不当维修效果差，引起业主对维修工作的不满。

如何避免上述情况的发生？首先物业相关人员特别是前台和工程部维修人员应对房屋维修知识有专业的认识，熟悉房屋损坏的现象及原因，这样才能从业主提供的信息中辨别出真实的信息，保证房屋维修工作顺利展开。其次前台在接待投诉时因不熟悉房屋维修工作而遗漏一些信息，这些信息往往对维修问题的分析往往是至关重要的，如业主门牌号、损坏的时间、损坏现象等。因此需要物业服务人员专门设计一个科学的登记表（表1-3），可以在房屋损坏信息登记时起到引导和提示的作用。

××小区业主房屋维修登记表　　　　　　　　　　　　表1-3

编号：

序号	时间	房号	姓名	联系方式	反映问题	记录人	备注

3. 房屋损坏现场考察下达维修任务

当工程部人员接到前台的维修登记信息后，首先应派有丰富维修经验的工程人员到现场实地考察，分析损坏的原因。将维修方法、时间、权责问题以及业主应配合的相关事宜与业主沟通，回到项目部后，确定具体的维修人员，下发维修任务单（表1-4）。和维修人员一起根据现场情况拟定科学的维修施工方案。对于较普遍、暂不影响业主正常生活的损坏现象应集中维修并制定科学合理的维修计划。现场考察时，如业主有非常急迫的维修要求，在条件允许的情况下物业公司应尽可能地满足业主要求。

4. 维修方案拟定和房屋维修计划管理

房屋维修的问题涉及建筑物不同的部位，如主体结构、门窗、装修、楼地面、屋面、油漆粉饰工程维修等。建筑物不同部位不同原因造成的损害维修方法都不相同，甚至维修时间的不同也会影响维修的效果。因此物业公司的工作人员要拟定出有效可行地维修方案，不仅要掌握专业维修知识而且还要积累丰富的维修施工经验。房屋维修计划管理是物业管理公司计划管理的重要内容，维修计划管理的内容一般包括物业公司房屋维修计划的编制、检查、调整及总结等一系列环节，做好房屋维修工作各阶段工作的综合平衡是房屋维修计划管理的重要工作。

维修服务单　　　　　　　　　　　　表1-4

编号：

房号		联系电话		预约服务时间		
服务内容				材料提供	□ 服务中心 □ 住户	
派工人					备注	
登记时间	时　分		到达现场时间	时　分		
使用材料名称						
数量						
单位						
单价						
总价						

续表

维修内容：					
是否及时		工时：	人次	时	
服务质量		业主签名：	收取费用：		
服务态度			服务人：	负责人：	
验收意见					

回访验证（上门/电话/信函）：

回访人：

5. 维修工程预算

维修工程预算是物业管理公司一项十分重要的基础工作，它同时也是维修施工项目管理中核算工程成本、确定和控制维修工程造价的主要手段。通过工程预算工作可以在工程开工前事先确定维修工程预算造价，依据预算工程造价我们可以组织维修工程招标投标并签订施工承包合同，在此基础上，一方面物业管理公司可据此编制有关资金、成本、材料供应及用工计划，甚至也是申请维修基金的重要依据，另一方面维修工程施工队伍可据此编制施工计划并以此为标准进行成本控制。

6. 房屋维修成本管理

成本管理是物业管理公司为降低企业成本而进行的各项管理工作的总称。房屋维修成本管理是物业管理公司成本管理的重要组成部分。房屋维修成本是指耗用在各个维修工程上的人工、材料、机具等要素的货币表现形式，即构成维修工程的生产费用，把生产费用归集到各个成本项目和核算对象中，就构成维修工程成本。房屋维修成本管理是指为降低维修工程成本而进行的成本决策、成本计划、成本控制、成本核算、成本分析和成本检查等工作的总称。维修成本管理工作的好坏直接影响到物业管理公司的经济效益及业务质量。

7. 房屋维修要素管理

在房屋维修施工活动中，离不开技术、材料、机具、人员和资金，这些构成房屋维修施工生产的要素。所谓房屋维修要素管理是指物业管理公司为确保维修工作的正常开展，而对房屋维修过程中所需技术、材料、机具、人员和资金等所进行的计划、组织、控制和协调工作。所以房屋维修要素管理包括技术管理、材料管理、机具管理、劳动管理和财务管理。

8. 房屋维修质量管理

房屋维修质量管理是指为保证维修工程质量而进行的管理工作，保证质量是房屋维修管理的重要目标之一，也是物业管理公司质量管理的重要组成部分。房屋维修质量管理的内容一般包括对房屋维修质量的理解（管理理念）、建立企业维修工程质量保证体系以及开展质量管理基础工作等。

9. 房屋维修施工监理

房屋维修施工监理是指物业管理公司将所管房屋的维修施工任务委托给有关专业维修单位，为确保实现原定的质量、造价及工期目标，以施工承包合同及有关政策法规为依据，对承包施工单位的施工过程所实施的监督和管理。房屋维修施工监理一般由物业管理公司的工程部门指派项目经理负责，其主要管理任务是在项目的施工中实行全过程的造价、质量及工期三大目标的控制，进行合同管理并协调项目施工各有关方面的关系，帮助并督促施工单位加强管理工作并对施工过程中所产生的信息进行处理。

10. 维修质量回访

房屋维修施工结合以后，物业公司工程部门的负责人要及时进行质量回访，了解所采用维修技术的维修效果，积累维修经验。并且对维修施工人员的工作态度、维修技术水平进行调查，业主接受调查且信息核实无误后要在维修服务单相关栏中签字。对业主不满意的问题要及时查找原因，找出解决问题的方法，不断提高物业公司的服务水平和综合竞争力。

1.3.4 房屋维修日常服务的程序及考核指标

1. 日常服务原则

房屋维修日常服务主要是处理各种各样的小修项目，这些小修项目通常从物业管理人员的日常巡视及日常保修两个渠道来收集。小修项目的特点是修理范围广、项目零星分散、时间紧、要求及时、具有经常性的服务性质、房屋维修日常服务应力争做到"水电急修不过夜，小修项目不过三（天），一般项目不过五（天）"。物业管理人员应根据房屋维修的计划表和随时发生的小修项目，开列小修维修单。维修人员凭维修单领取材料（或经费），根据维修单开列的工程地点、项目内容进行施工。

房屋维修与管理工作总原则是美化城市，有利生产，方便生活，造福业主。

（1）坚持实用、经济、合理、安全的原则。

（2）维护房屋不受损坏的原则。能修则修，应修尽修，以修为主，全面保养。

（3）对不同建筑结构，等级标准的房屋采用不同的维修标准的原则。

（4）为业主服务的原则。

2. 考核指标

房屋维修日常服务的考核指标主要有：定额指标、经费指标、服务指标和安全指标。

（1）定额指标

小修养护工人的劳动效率要100%达到或超过人工定额；材料消耗不超过或低于材料消耗定额。达到小修养护工程定额的指标是完成小修养护工作量，搞好日常服务的必要保证。

（2）经费指标

小修养护经费主要通过收取物业管理服务费筹集。中修大修及更新改造维修费用出自房屋公共维修基金。一般经费指标是考核小修养护工程是否节约使用小修工程经费的指标，是实际使用小修养护费用与计划或预算小修养护费之比。

（3）服务指标

1）走访查房率：一般要求管理员每月对辖区的住（用）户走访查房率50%以上；每季对辖区内住（用）户要逐户走访查房一遍即季度走访查访率等于100%。月（季）走访查房率计算公式如下：

月（季）走访查房率＝［当月（季）走访查房户数/辖区内住（用）户总数］×100%

2）养护计划率：应按管理员每月编制的小修养护计划表一次组织施工。考虑到小修中对应修项目需及时处理，因此在一般情况下，养护计划率要达到80%以上，遇到特殊情况，可统一调整养护计划率。月养护计划率计算公式如下：

月养护计划完成率＝（当月完成计划内项目户数/当月养护计划安排的户次数）×100%

3）养护及时率，即某时间段内实际完成的小修养护次数占全部报修中应修户次数的百分率。一般来说月（季）小修养护及时率要达到99%。月养护及时率计算公式如下：

月养护及时率＝（当月完成的小修养护次数/当月全部报修中应修的户次数）×100%

（4）安全指标

为确保生产安全，物业管理企业应建立一系列安全生产操作规程和安全检查制度，以及相配套的安全生产奖惩办法。在安全生产中要十分注意以下三个方面：

1）严格遵守操作规程、不违章上岗和操作，持证上岗；

2）注意工具、用具的安全检查，及时修复或更换有不安全因素的工具、用具；

3）按施工规定选用结构部件的材料，如利用旧料时，要特别注意旧料安全性能的检查，争强施工期间和完工后交付使用的安全性。

1.3.5 房屋管理和维修工作的特点

房屋维修和新建房屋基础理论相同，但房屋维修又有其不同的特点。

1. 房屋管理和维修是一项经常性的工作，房屋使用期限长，在使用中由于自然或人为的因素影响，会导致房屋、设备的损坏或使用功能的减弱，而且由于房屋所处的地理位置、环境和用途的差异，同一结构房屋使用功能减弱的速度和损坏的程度也是不均衡的，因此，房屋管理和维修是经常性的工作。

2. 房屋维修是在已有房屋基础上进行的，工作上受到很大的条件限制，比如受原有资料、条件、环境的局限，设计与施工都只能在一定活动范围内活动，难以作出超越客观环境的创新。

3. 房屋维修量大面广、零星分散，量大面广是指房屋维修涉及各个单位、千家万户，项目多而杂；零星分散是指由于房屋的固定性以及房屋损坏程度的不同，决定了维修场地和维修队伍随着修房地段、位置的改变而具有流动性、分散性。

4. 房屋维修技术要求高，房屋维修由于要保持原有的建筑风格和设计意图，因此技术要求相对于建造同类新建工程来讲要高。房屋维修有其独特的设计、施工技术和操作技能的要求，而且对不同建筑结构、不同等级标准的房屋，采用的维修标准也不同。

5. 房屋管理和维修是多工种同时进行的工程，一般是主体交叉施工，可以培养工人的"一专多技"、"一手多能"技术。

知识梳理与总结

本章是房屋构造与维修的入门内容，主要任务是让读者对房屋管理与维修工作有一个概况性的认知，清楚学习建筑构造专业知识对房屋管理与维修工作的作用；认识维修管理工作的重要性，掌握房屋管理与维修工程的分类、工作程序及工作要求。

思考与练习

1. 谈一谈如何进行本课程的学习？

2. 学习建筑构造的目的是什么？

3. 住宅建筑和公共建筑的层数是如何划分的？

4. 简述房屋管理与维修工作程序、工作环节的主要工作内容是什么？

5. 如果你作为工程部维修人员，如何遵循房屋维修工作原则完成相关工作？

6. 结合本章所学知识为某一物业公司房屋维修管理工作设计一套科学的工作程序？并简述工作中应注意的问题。

地基基础构造与维修 2

【学习目标】

掌握地基基础的基本构造；了解地基基础损坏对建筑物上部结构的影响；掌握地基基础质量问题及产生原因；熟悉地基、基础损坏的维修程序及方法；认识维修管理工作的重要性及其工作要求。

2.1 职场案例

1. 案例引入

某新小区工程完成三个月后，下了一场大雨，雨后约半个月，发现多栋房屋的墙体出现不同程度的斜裂缝（图2-1），不知道是何原因。该小区地基土为湿陷性黄土，房屋基础采用的是钢筋混凝土条形基础，宽1200～1500mm，厚250～350mm。墙体为240mm厚实砌砖墙，M5水泥砂浆，是否与地基基础有关系，如何维修？

图2-1 墙体裂缝

2. 案例思考

（1）地基与基础的作用是什么？
（2）墙体裂缝是地基基础损坏引起的吗？

2.2 地基和基础

2.2.1 地基和基础的含义

基础是建筑物的主要承重构件，处在建筑物地面以下，属于隐蔽工程。基础质量的好坏，关系着建筑物的安全问题。建筑设计中合理地选择基础极为重要。

（1）基础是建筑物的组成部分，是建筑地面以下的承重构件。它承受着建筑物上部结构传下来的全部荷载，并将其这些荷载连同本身的重量一起传给地基。

（2）地基是承受由基础传下来的荷载的主体或岩体。地基不是建筑物的组成部分，它只是承受建筑物荷载的土壤层。其中，具有一定的地耐力，直接支承基础，持有一定承载能力的土层称为持力层；持力层以下的土层称为下卧层。地基土层在荷载作用下产生的变形，随着土层深度的增加而减少，到了一定深度则可忽略不计（图 2-2）。

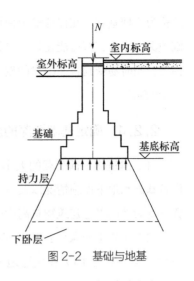

图 2-2　基础与地基

2.2.2　基础的作用和地基土的分类

地基按土层性质不同，分为天然地基和人工地基两大类。

（1）天然地基

凡天然土层具有足够的承载能力，不须经人工改良或加固，可直接在上面建造房屋的称天然地基。天然地基的土层分布及承载力大小由勘测部门实测提供。天然地基多呈连续整体状的岩层，或由岩石风化破碎成松散颗粒的土层，一般分为岩石、碎石土、砂土、粉土、黏性土和人工填土六大类。

（2）人工地基

天然地基当建筑物上部的荷载较大或地基土层的承载能力较弱，缺乏足够的稳定性，须预先对土壤进行人工加固后才能在上面建造房屋的称人工地基。人工加固地基通常采用压实法、换土法、化学加固法和打桩法。

（3）地基特殊问题的处理

当基槽中有沉降缝，有橡皮土，相邻基础埋深不一，有坟坑枯井和不均匀沉降等情况时，都应严格处理以保证建筑物的安全。

2.2.3　基础的埋置深度

一般情况下，室外设计地面至基础底面的垂直距离称为基础的埋置深度，简称基础的埋深（图 2-3）。

埋深不小于5m或埋深大于等于基础宽度的4倍时称为深基础；埋深小于5m或埋深小于基础宽度的4倍时称为浅基础；基础直接做在地表面上

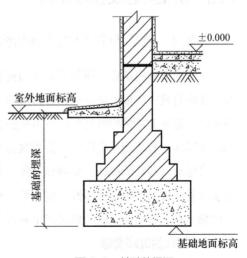

图 2-3　基础的埋深

的称为不埋基础。在保证安全使用的前提下，应优先选用浅基础，可降低工程造价。但当基础埋深过小时，有可能在地基受到压力后，会把基础四周的土挤出，使基础产生滑移而失去稳定，同时易受到自然因素的侵蚀和影响，使基础破坏，故基础的埋深在一般情况下，不要小于0.5m。

2.2.4　确定基础埋深的原则

（1）建筑物上部荷载的大小和性质：多层建筑一般根据建筑物的用途，如有无地下室、设备基础和地下设施情况以及基础的形式和构造等来确定埋深尺寸。一般高层建筑的基础埋置深度为地面以上建筑物总高度的1/10。

（2）工程地质条件：基础底面应尽量选在常年未经扰动而且坚实平坦的土层或岩石上，俗称"老土层"。因为在接近地表面的土层内，常带有大量植物根、茎的腐殖质或垃圾等，故不宜选为地基。

（3）水文地质条件：确定地下水的常年水位和最高水位，以便选择基础的埋深。一般宜将基础落在地下常年水位和最高水位之上，这样就不需进行特殊防水处理，节省造价，还可防止或减轻地基土层的冻胀。

（4）地基土壤冻胀和融陷的影响：应根据当地的气候条件了解土层的冻结深度，一般将基础的垫层部分做在土层冻结深度以下。否则，冬天土层的冻胀力会把房屋拱起，产生变形；天气转暖，冻土解冻时又会产生陷落。

（5）相邻建筑物基础的影响：新建建筑物的基础埋深不宜深于相邻的原有建筑物的基础；但当新建基础深于原有基础时两基础之间应保持一定的净距。当上述要求不能满足时，应采取分段施工，设临时加固支撑，打板桩、地下连续墙等措施加以处理，以保证原有建筑的安全和正常使用。

2.3　质量问题及损坏原因

2.3.1　地基基础损坏与上部结构的损坏

一般的房屋建筑传力树如下：屋面荷载→屋盖→屋面梁（屋架）→墙（柱）→基础→地基；楼面荷载→楼板→梁。从传力树可知，基础是房屋受力最大的构件，没有一个坚固耐久的基础，房屋上部结构就是建造得再坚固也要出问题。地基产生病变无疑会影响基础，使基础产生损坏。若基础产生病变，会直接传送到上部结构首先的是墙、柱。

房屋地基基础的损坏，反映到房屋上部结构，主要是出现裂缝、倾斜和变形。损坏严重时会削弱或破坏结构的整体性、耐久性、稳定性，危及房屋的正常居住和使用安全，甚至房屋倒塌。在上部结构反映一般情况下有以下几个特征：

1. 斜向的沉降裂缝

由于地基基础病变产生的不均匀沉降，墙体内产生附加应力，当墙体内应力超过了砌体的极限强度时，首先在墙体的薄弱处产生斜向裂缝。对于体积较大，平面不规则的建筑物则在变截面处产生竖向裂缝，并随着沉降量的增大而不断发展和扩大，它的特征很明显：裂缝的走向以斜向较多（图 2-4、图 2-5），竖向较少，大多数情况下，斜裂缝通过门窗洞口的对角，紧靠门窗处缝宽较大，向两边逐渐减小，其走向往往是沉降小的一边斜向沉降大的一边向上发展。

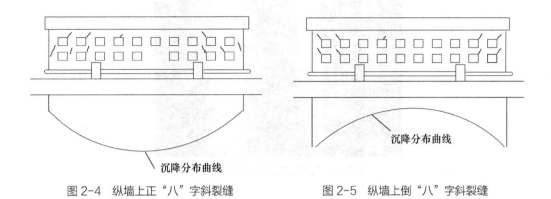

图 2-4　纵墙上正"八"字斜裂缝　　　　　图 2-5　纵墙上倒"八"字斜裂缝

2. 竖向裂缝

一般产生在纵墙的顶部或底层的门窗上下，墙顶的竖向裂缝是由于房屋两端沉降值较大，中间沉降值较小而产生的，墙底层竖向裂缝是由于房屋中间沉降值较大，两端沉降值较小产生的，竖向裂缝是因墙体受弯矩作用形成的。

3. 45°的斜向裂缝

荷载不均匀造成的沉降裂缝，均产生在大小荷载分界处，一般为45°的多条斜裂缝。

4. 相邻影响下的附加变形裂缝或房屋倾斜

毗邻建筑交通设施等荷载加大影响地基局部应力叠加而造成不均匀沉降，对上部结构的损坏，房屋的刚度较差时，造成墙体裂缝，多为45°斜裂缝，当房屋刚度较好时，会造成房屋整体倾斜，如图 2-6～图 2-9所示。

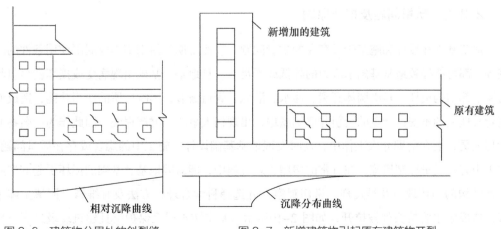

图 2-6　建筑物分界处的斜裂缝　　　　　图 2-7　新增建筑物引起原有建筑物开裂

图 2-8　相邻建筑引起房屋倾斜图片

5．水平裂缝

膨胀土对含水量非常敏感，含水量增大，土膨胀，含水量减少，土则立即收缩。一般情况下，随室内含水量的消失土壤干缩，从而引起墙身、楼面、地坪的开裂。室外部分与大气相接触，容易受到影响，当气候干燥，室外土壤因失水干缩时，基础向外倾斜，严重时能引起墙身断裂，这种裂缝一般是水平的，然而，由于土壤分布和房屋构造不完全一致，造成的裂缝——水平、倾斜、阶梯形都会出现，如图 2-9 所示。

由于基础埋在地下，难以用肉眼直观加以分析，因而，在物业管理过程中，要学会分析和判断哪些上部结构的损坏是由于地基基础的损坏所引起的。

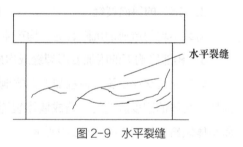

图 2-9　水平裂缝

2.3.2　质量问题及损坏原因

地基基础在设计和施工阶段存在的质量问题，或使用期间使用不当或周围使用条件的改变等，都可能导致地基基础承载力的降低或不足。一旦地基、基础出现病变或损坏就会引起房屋上部结构破坏，轻则墙体开裂、渗水、灌风、管道破裂，影响房屋的使用功能，造成使用者心理上的不安；严重的会引起墙倒屋塌，出现伤人事故和财产损失。因此作为一名物业管理人员，能在前期介入工作中，及时发现地基基础设计、施工中的隐含或存在质量问题，并采用有效质量控制措施；在日常的房屋管理过程中，能对因地基、基础的损坏引起的房屋上部结构的损坏现象及早发现，密切观察，并选择科学合理的方法及时维修。回填土体下沉，造成雨水管接头处被拉开，如图 2-10所示。基本防水层无保护层且建筑垃圾过多，导致防水层逐渐破坏引起渗漏，影响使用功能，如图 2-11所示。

图 2-10 雨水管接头被拉开

图 2-11 基础防水层无保护层且建筑垃圾过多

地基基础存在能引起上部建筑物损坏的主要原因如下：

1. 设计不当造成地基基础损坏

设计部门对地质情况了解不够，对软土地基处理不当，基础设计截面小，强度不够，房屋建成后，地基变形值超过了允许值，作用在地基的荷载超过了地基承载力，都会使地基遭到破坏，上部结构同地基一起失去稳定，这种损坏均发生在房屋建成后的一、二年内，有时房屋还未交付使用就出现了。

2. 基础施工质量差的影响

施工中由于回填土经夯实或碾压后密实度达不到设计要求，强度和稳定性不满足工程要求；砖石、砂浆、混凝土标号低于规定，基础混凝土浇筑出现蜂窝、麻面、鼠洞或减小基础截面；施工中出现的一些质量事故如：基坑（槽）泡水、预制桩桩身断裂等都会使基础天生刚度不足，在荷载长期作用下，出现破损、酥碎、断裂等损坏，影响上部结构。

3. 不均匀沉降、沉降量过大的影响

地基不均匀沉降是指同一建筑物或构筑物相邻两基础地基沉降有较大差异。过大的不均匀沉降对房屋基础和上部结构的间接作用会使房屋的墙、柱开裂、房屋倾斜甚至破坏。产生地基不均匀沉降、沉降量过大的主要原因有：设计时计算的误差、使用荷载差异较大、地基承载力的变化、房屋高度不同等原因。使用荷载超过地基设计值、地基土壤软弱、地基加固措施不当等都有可能使地基沉降量过大。

4. 地基基础受地质条件的影响

因地质上的特殊原因或人为因素的影响，产生滑移、沉陷，地下水位的变化，地表水浸泡，贮水设备和地下管道渗漏等，使地基土软化，产生湿陷；或软化土分布不均，土层压缩、膨胀变形，导致不均匀沉降，引起上部结构的损坏。这种情况多发生在软土地区和湿陷性黄土地区的房屋。若附近地层内上下水管道的泄漏浸入地基，就会引起地基湿陷。建在坡地上的房屋，基础标高相差大，基础因斜坡地基的破坏而产生转动或移动，地下水升降对地基的承载力影响也很大。同时，随意在房屋基础边开挖，也会导致地基基础的病态变形。例如，在已建房屋附近开挖深基坑、打桩或大面积降低地下水位等，引起地面基础产生新的不均匀沉降或侧向位移，造成附近房屋的损坏。

5. 地基基础受腐蚀、老化的影响

房屋基础被深埋在地下，有的在地下水以下，有的在地下水以上，有些地下水本身带有腐蚀性，对基础产生慢性腐蚀；有的基础则由于房屋散水、排水系统损坏，各种带有腐蚀性的液体渗入土中浸泡基础，最终使基础抗剪强度不足以支承上部结构的荷载，局部或整体被剪切破坏，部分荷载传给了地基，导致地基的不均匀沉降，引起上部结构的损坏。例如房屋一层墙体产生的裂缝、倾斜，多数是由于基础的老化、变形，或长期受污水浸泡、腐蚀造成的病变与损坏。混凝土材料的老化和钢筋的锈蚀也会使地基基础的承载力降低，甚至丧失承载能力。

6. 地基基础受毗邻建筑的影响

因毗邻建筑增大荷载或局部加层，地基受应力叠加的影响，产生附加沉降，引起上部结构的损坏。这种损坏，均发生在毗邻建筑主体结构基本完成或加层完成后。对于大型的房地产开发项目，后期楼盘在建设时将在大量建材、机具重物堆放在已建材的建筑物附近也会导致荷载增加，给地基基础带来新的不均匀沉降。

7. 外界动力的影响

由于外界动力荷载的影响，如爆破、机器、高速列车的振动等，使地基土产生液化、失稳和震陷，产生不均匀沉降，导致基础在上部荷载作用下，连同上部结构一起产生损坏，特别是位于砂土地基上或地基持力层内含有饱和粉细砂夹层时，由于振动的影响，极易产生液化现象，一般在重工业、矿区、或邻近铁路、施工现场附近的房屋最容易发生。

8. 使用不当的影响

使用不当造成地基基础损坏，随意改变房屋用途，在阳台或屋顶乱搭乱建，使地基基础承受的荷载超过自身的抗剪力，产生局部沉降而引起房屋损坏。

2.4　地基基础维修与日常管理

地基基础损坏的鉴定必须由专业的房屋安全鉴定中心来完成，参照《危险房屋鉴定标

准》JGJ 125—2016，详见本章附件1，通过对上部结构损坏程度的检测，较准确地鉴定地基基础的危害程度。

　　既有建筑地基基础因上部的建筑物已经投入使用，其维修是一项专业性很强的技术，因此要求施工人员具备较高的素质和丰富的地基基础工程维修经验，并能较准确地判断损坏原因，清楚所承担基础加固工程的加固目的、加固原理、技术要求和质量标准。在保证上部建筑和使用者安全的前提下，有针对性地选择有效的、经济的、合理的处理方案。基础维修工作流程如图 2-12 所示。

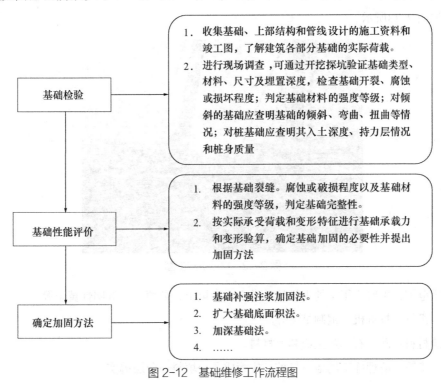

图 2-12　基础维修工作流程图

2.4.1　既有建筑物地基常用的加固方法

　　一些不良地基往往导致上部结构出现病害、缺陷，引起建筑物的结构破坏或造成使用上的不良影响，因此要设法改善不良地基，达到、恢复或提高地基土的承载力，控制或调整一些不利变形的发展。对地基进行加固处理是改善不良地基的有效措施。由于地基加固是在建筑物存在的情况下进行的，又要保证房屋建筑安全，施工起来比较困难，所以处理时要查明病因，从技术上先进、施工条件可行、经济合理及安全的角度出发，综合比较选定加固方案，必要时还应针对地基实际情况，综合采用多种方法。常用的几种地基加固方法有：

1. 挤密桩加固法

　　挤密法是用打桩机将带有特质桩尖的刚制桩管打入所要处理的地基土中至设计深度，拔管成孔，然后向空中填入砂、石、灰土或其他材料，并加以捣实成为柱状体。挤密法加固机理主要靠桩管打入地基中，对土产生横向挤密作用，在挤密功能作用下，土粒彼此移动，小颗粒填入大颗粒的空隙，颗粒间彼此靠紧使土密实，地基土的强度也随之增强，地基的变形随之减小，桩体与挤密后土共同组成复合地基，共同承担建筑物荷载。

由于成桩方法不同，在松散砂土中成桩时对周围砂层或产生挤密作用或同时也产生振密作用。挤密作用采用冲击法或振动法往砂土中下沉桩管和一次拔管成桩时，由于桩管下沉对周围砂土产生很大的横向作用力，这就是挤密作用。有效挤密范围可达3~4倍桩直径。挤密和振密作用采用振动法往砂土中下沉桩管和逐步拔出桩管成桩时，下沉桩管对周围砂层产生挤密作用，拔起桩管对周围砂层产生振密作用，有效振密范围可达6倍桩直径左右。挤密桩施工图如图2-13所示。

图2-13 挤密桩施工图

适用范围：主要应用于处理松软砂类土、素填土、杂填土、湿陷性黄土等。

施工机具：打桩机、钢制桩管等。

建筑材料：砂、石、灰土或其他材料。

施工步骤：清理施工场地→打桩→拔管成孔→填料→分层捣实。

施工要点：

1）先清理好施工用的地基场地；

2）桩机（打、拔两用机）就位，平稳后，按设计规定在桩位处对中桩孔，按顺序将桩孔打入要处理地基土中。桩孔直径一般为100~400mm，桩孔一般布成梅花形分布，中心距一般为1.5~4.0倍桩的直径，桩管沉到设计深度后应及时拔桩。桩位布置图如图2-14所示。

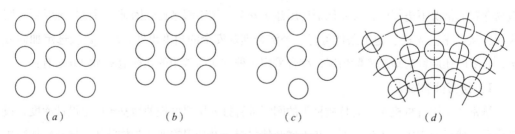

（a）　　　　　　（b）　　　　　　（c）　　　　　　（d）

图2-14 桩位布置图

（a）正方形；（b）矩形；（c）等腰三角形；（d）放射形

3）拔管成孔后要及时检查桩孔质量，然后将填料分层填入并加入捣实。如填入干砂、石灰等填料。

4）在松散砂土中，首先施工外围桩，然后施工隔行的桩，对最后几行桩，如下沉桩管有困难时，可适当增大桩距。在软弱黏性土中，砂桩成型困难时可隔行施工，各行中的桩也可间隔施工。

5）质量控制，冲击法成桩单管法施工时，控制拔管速度为1.5～3m/min，以保证桩身连续性，而桩直径是以灌砂量来控制；双管法施工时，锤击内管和外管将砂压实，按贯入度控制，保证桩身的连续性。振动法成桩，主要控制拔管的速度，如一次拔管法，拔管1m控制在30s内；逐步拔管法，每次拔起0.5m，停拔续振20s。

2. 高压喷射注浆法加固

高压喷射注浆法是利用钻机把带有喷嘴的注浆管钻进至土层的预定位置后，以高压设备使浆液或水成为20～40MPa的高压射流从喷嘴中喷射出来，冲击破坏土体，同时钻杆以一定速度渐渐向上提升，将浆液与土粒强制搅拌混合，浆液凝固后，在土中形成一个固结体。

（1）高压喷射注浆法的种类

1）根据喷射流的移动方向可以分为旋转喷射（旋喷）、定向喷射（定喷）和摆动喷射（摆喷）三种形式（图2-15）。

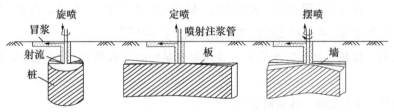

图2-15　高压喷射注浆法的三种形式

旋转喷射时喷嘴边喷射边旋转提升，固结体呈圆柱状。主要用于加固地基，提高地基的抗剪强度；也可组成闭合的帷幕，用于截阻地下水流和治理流沙；也可用于场地狭窄处做围护结构；旋喷法施工工序如图2-16所示。

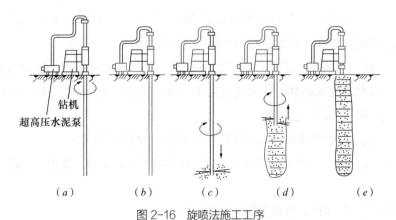

图2-16　旋喷法施工工序

（a）钻进；（b）钻到设计深度；（c）高压旋喷；（d）边旋边提升；（e）旋喷结束

定喷法施工时，喷嘴边喷射边提升，但喷射的方向固定不变，固结体如板状或壁状。

摆喷施工时，喷嘴边喷射边提升，喷射的方向呈较小角度来回摆动，固结体形如较厚墙状。定喷和摆喷两种方法通常用于基坑防渗、改善地基土的水流性质和稳定边坡等工程。

2）根据施工工艺的类型可分为单管法、二重管法、三重管法和多重管法4种。

单管法：是利用钻机把安装在注浆管（单管）底部侧面的特殊喷嘴，置入土层预定深度后，用高压泥浆泵等装置，以20MPa以上的压力，把浆液从喷嘴喷射除去冲击破坏土体，使浆液与冲切下的土搅拌混合，经过凝固后在土中形成一定形状的固结体。

二重管法：是使用双通道的二重注浆管，当二重注浆管钻进到土层的预定深度后通过在管底部侧面的一个同轴双重喷嘴同时喷射出高压浆液和空气两种介质的喷射流，即内喷嘴喷射20MPa左右压力的高压泥浆，外喷嘴喷射0.7MPa左右压强的高压空气。在高压浆液和外围环绕气流的共同作用下，破坏土体的能量显著增大，固结体的直径也明显增大。

三重管法：使用分别输入水、气、浆三种介质的三重注浆管，在以高压泵等高压泵等高压发生装置产生20～30MPa左右的高压水喷射流的周围，环绕一般0.5～0.7MPa左右的圆柱状气流，进行高压水喷射流和气流同轴喷射冲切土体，形成较大的空隙，再另有泥浆泵注入压力为0.5～3MPa的浆液填充。

（2）高压喷射注浆法的施工

适用范围：适用于处理淤泥、淤泥质土、软塑或可塑黏性土、粉土、黄土、砂土、人工填土和碎石土等地基，可提高地基强度起到补强加固等作用。

施工机具：钻机、高压发生设备（高压泥浆泵和高压水泵）、空气压缩机和泥浆搅拌机等。

建筑材料：水泥浆液、外加剂等。

施工步骤：钻机就位→钻孔→插管→喷射作业→冲洗→移动机具。

施工要点：

1）钻机就位，钻机安放在设计的孔位上并保持垂直，施工时旋喷管的允许倾斜度不得大于1.5%；

2）钻孔，单管旋喷常使用76型旋转振动钻机，钻进深度可达30m以上适用用砂土和黏性土层，当遇到比较坚硬的地层是宜用地质钻机钻孔；

3）插管，将喷管插入地层预定的深度，使用75型振动钻机钻孔时，插管与钻孔两道工序合二为一，即钻孔完成时插管作业同时完成；如使用地质钻机钻孔完毕，必须拔出岩心管，换上选喷管并插入到一定深度；

4）喷射作业，当喷管插入预定深度后，由下而上进行喷射作业；

5）冲洗，喷射施工完毕后，应将注浆管等极具设备重新干净，管内、机内不得残存水泥浆；

6）移动机具，将钻机等机具移到新孔位上。

高压喷射注浆法能够比较均匀地加固透水性很小的细粒土，作为复合地基可提高其承载力；可控制加固体的形状，形成连续墙，防止渗漏和流砂；施工设备简单、灵活，能在室内或洞内净高很小的条件下对土层深部进行加固。

3. 注浆加固法

注浆加固法是利用液压、气压或电化学原理通过注浆管把某些能固化的浆液注入地层中土颗粒的间隙、土层的界面或岩层的裂缝内，一填充、渗透、劈裂和挤密方式，代替土颗粒间孔隙或岩土裂隙中的水和气。经一定时间硬解后，浆液对原来松散的土粒或有裂隙的岩石胶结成一个整体，形成一个强大的固化体。注浆法是有法国工程师Charles Beriguy于1802年首创，现在注浆法已广泛应用于房屋地基加固与纠偏，并取得了良好的效果。

适用范围：主要用于处理砂及砂砾石、软黏土和湿陷性黄土地基。用于加固、纠偏、防渗、堵漏等工程。

施工机具：振动打、拔管机，压浆泵、贮液罐以及注浆管等。

灌注材料：水泥系浆液（纯水泥浆、黏土水泥浆）、水玻璃、丙烯酸胺和纸浆废液为主剂的浆液。

施工步骤：加固准备→定范围、孔位→定机位、插管→注浆→拔管→洗管→管内材料捣实。

施工要点：

1）施工前准备及施工使用的设备，施工前应对加固地基段落进行工程地质勘探，查明地基土的物理力学性质、化学成分以及水文地质条件等，布置及清理加固地基场地；

2）确定灌浆范围及布置孔位，灌浆范围应根据房屋建筑的大小、基土胀缩量、地基土病害情况等沿房屋建筑的四周进行灌浆，灌浆孔位应根据浆液影响半径和灌浆体设计厚度等进行布置，一般为1.5m，可采用正方形布孔，应可采用梅花形布孔；

3）打、拔管机定位，打入带孔的压浆管。施工时如发现压浆管小孔堵塞，应及时拔管清洗干净；

4）在贮液罐内搅拌已配备好的浆液；

5）通过压浆泵注入浆液，施工时注意控制灌注压力，压力太大会使浆液流散；

6）以此重复，进行不同深度的灌浆，并不断接长压浆管，直至全部灌浆完成。

2.4.2　既有建筑物基础常用的维修方法

基础属于隐蔽工程，它在房屋建筑中是影响全局的关键部分，要保证房屋的安全与正常使用，就必须保证基础的强度和稳定性。基础是以可靠的地基为前提而存在的，地基和基础是彼此联系和影响的整体，一旦基础破坏，将会增大地基的不均匀沉降。另一方面在一定程度上可以通过增强基础的措施来减弱或控制地基的病害。所以在实际工程中应及时对一些病弱基础进行修复或加固，从而削弱基础对地基及上部结构的不利影响。既有建筑地基基础加固处理可大致分类如下：

（1）既有建筑基础常用的加固方法有：以水泥砂浆为浆液材料的基础补强注浆加固法，

用混凝土套或钢筋混凝土套加大基础面积的扩大基础底面积法，用灌注现浇混凝土的加深基础法等。

（2）既有建筑常用的基础托换方法有：锚杆静压桩法、树根桩法、坑式静压桩法、后压浆桩法、抬墙梁法、沉井托换加固法等。

（3）既有建筑迫降纠倾和顶升纠倾以及位移等方法。

1. 基础补强注浆加固法

适用范围：基础因机械、不均匀沉降、冻胀或其他原因引起的基础裂损的加固，一般病害较轻。

施工机具：风钻（图2-17）、喷枪（图2-18）、压浆泵、贮气罐等。

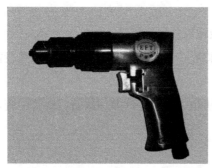
图 2-17 风钻

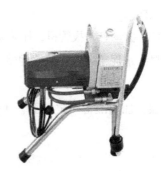
图 2-18 喷枪

建筑材料：纯水泥浆（灰水比1：1～1：10）或环氧树脂。

施工步骤：开挖临时基坑→损坏处钻孔→加压注浆。

施工要点：

1）在病弱基础一侧先开挖出临时坑槽，使病弱基础外露；粘结法加固病弱基础图如图2-19所示；

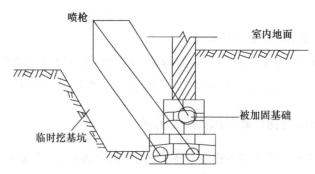
图 2-19 粘结法加固病弱基础图

2）在原基础裂损处钻孔，钻孔与水平面的倾角不应小于30°，且一般不大于60°。注浆管直径一般可为25mm，钻孔孔径应比注浆管的直径大2～3mm，孔距可为0.5～1.0m。孔位按梅花形排列。单独基础每边打孔不应少于2个；

3）注浆压力可取0.2～0.6MPa，如果浆液不下沉，则可逐渐加大压力至0.6MPa。浆液在10～15min内再不下沉则可停止注浆。注浆的有效直径约为0.6～1.2m。对于条形基础施工应沿基础纵向分段进行，每段长度可取1.5～2.0m。

2. 扩大基础底面积法

适用范围：适用于既有建筑物的基础承载力或基础底面积尺寸不满足设计要求，或基础出现破损、裂缝时的加固。

施工机具：凿子、钢丝刷、高压水枪等（图2-20）。

图2-20　凿子、钢丝刷、高压水枪

建筑材料：素混凝土、钢筋混凝土、水泥浆或混凝土界面剂（图2-21）等。

图2-21　混凝土界面剂

施工步骤：旧基础凿毛→冲洗边缘结合处→涂刷混凝土界面剂→铺设新基础垫层→设置锚固钢筋→设置加固钢筋→灌注混凝土。

施工要点：

1）在灌注混凝土前先将原基础与新基础结合的面层处凿毛；

2）凿毛处用高压水刷洗干净；

3）原基础凿毛处要涂刷一层高强度等级水泥砂浆或涂混凝土界面剂，提高新老基础的牢固度；

4）在基础加宽施工前对于加套的混凝土或钢筋混凝土的加宽部分，其地基应铺设厚度和材料均与原基础垫层相同的夯实垫层，使加套后的基础与原基础的基底标高和应力扩散条件相同且变形协调；

5）沿原基础高度每隔一定距离设置锚固钢筋，也可在墙角或圈梁钻孔穿钢筋，再使用环氧树脂填满，穿孔钢筋须与加固钢筋焊牢，这样可以达到增加新老基础粘结力的目的；

6）外扩基础的配筋可与原基础钢筋相焊接，或与柱子的主钢筋相焊接，注意下部钢筋与原基础钢筋相焊，上部钢筋应与插入杯口或与柱主筋相焊；

7）采用素混凝土包套时基础可加宽200～300mm，采用钢筋混凝土外包套可加宽300mm以上；

8）对于条形基础进行加宽施工时，应按长度1.5～2.0m划分成许多单独段，然后分批、分段、间隔进行施工，决不能在基础的全长范围内挖成连续的坑槽而使全长的地基土暴露过久，导致地基土浸泡软化，从而使基础随之产生较大的不均匀变形。

扩大法示意如图2-22所示。

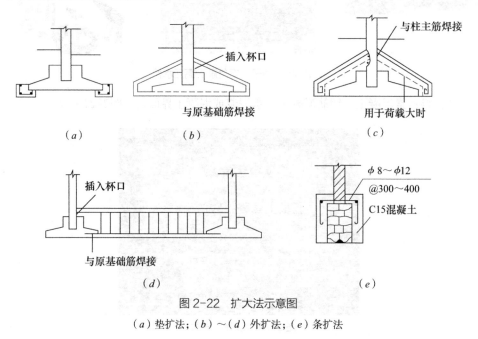

图2-22 扩大法示意图
（a）垫扩法；（b）～（d）外扩法；（e）条扩法

3. 基础托换法

托换技术主要是解决原有建筑物的地基需要处理、基础需要加固或改建的问题和原有建筑物基础下需要修建地下工程以及邻近建造新工程影响原有建筑物的安全等问题的技术总称。凡是原有建筑物的基础不符合要求，需要增加埋深或扩大基底面积的托换称为补救性托换，上述方法基础扩大加固法就是补救性托换。由于近邻要修筑较深的新建筑物基础，因而需将基础加深或扩大的称为预防性托换，也可在平行于原有建筑物基础的一侧修筑比较深的墙来代替托换工程，这种方法称为侧向托换法。有时在建筑物基础下预先设置好顶升的措施，以适应预估地基沉降的需要称为维持性托换。

托换技术是一种建筑技术难度较大、费用较高、建筑周期较长、责任性较强的特殊施工，需要有丰富的经验，因为它能涉及人身和财产安全，必须由设计和施工都有丰富经验的技术人员来参加这方面的工作。

托换技术分为两个阶段进行，一是采用适当而稳定的方法，支拖住原有建筑物全部或部

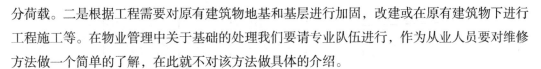

分荷载。二是根据工程需要对原有建筑物地基和基层进行加固，改建或在原有建筑物下进行工程施工等。在物业管理中关于基础的处理我们要请专业队伍进行，作为从业人员要对维修方法做一个简单的了解，在此就不对该方法做具体的介绍。

4. 既有建筑物的纠倾技术

由于种种原因，建筑物发生倾斜的事故并不罕见。对于在倾斜后整体性仍很好的建筑物，如果照常使用，总有不安全之感；如果弃之不用，则甚感可惜；而将其拆除，则浪费很大。因此，对建筑物进行纠偏，并稳定其不均匀沉降，则是经济、合理的方法。何况对有些建筑物，如意大利比萨斜塔、苏州虎丘塔等名胜古迹，只能使其倾斜停止和纠偏扶正，而决不能拆掉重建，进行建筑物纠偏时，应遵循下列原则：

（1）制定纠偏方案前，应对纠偏工程的沉降、倾斜、开裂、结构、地基基础、周围环境等情况作周密的调查。

（2）应结合原始资料，配合补勘、补查、补测，搞清地基基础和上部结构的实际情况及状态，分析倾斜原因。

（3）拟纠偏建筑物的整体刚度要好。如果刚度不满足纠偏要求，应对其作临时加固。加固的重点应放在底层，加固措施有增设拉杆、砌筑横墙、砌实门窗洞口以及增设圈梁、构造柱等。

（4）加强观测是搞好纠偏的重要环节，应在建筑物上多设测点。在纠偏过程中，要做到勤观测，多分析，及时调整纠偏方案，并用垂球、经纬仪、水准仪、倾角仪等进行观测。

（5）进行建筑物纠偏加固，应从地基处理和基础加固入手。如果地基土尚未完全稳定，应在纠偏的另一侧采用锚杆静压桩制止建筑物进一步沉降（图 2-23）。桩与基础之间可采用铰接连接或固结连接，连接的次序分纠偏前和纠偏后两种，应视具体情况而定。

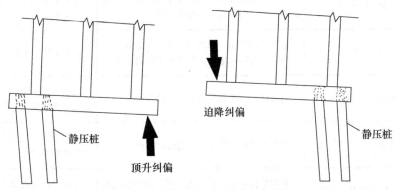

图 2-23　用锚杆静压桩制止非纠偏的沉降

（6）进行纠偏设计时，应充分考虑地基土的剩余变形，以及因纠偏致使不同形式的基础对沉降的影响。

建筑物的纠偏方法分顶升纠偏、迫降纠偏及综合纠偏（图 2-24）。既有建筑物常用纠倾加固方法为迫降纠倾法，纠倾法分类见表 2-1。

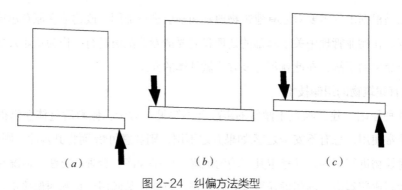

图 2-24 纠偏方法类型

（a）顶升纠偏；（b）迫降纠偏；（c）综合纠偏

房屋纠倾法汇总表

表2-1

类别	方法名称	基本原理	使用范围
迫降纠倾	人工降水纠倾法	利用地下水位降低出现水力坡降产生附加应力差异对地基变形进行调整	不均匀沉降量较小，地基土具有较好渗透性，而降水不影响临近建筑物
	堆载纠倾法	增加沉降小的一侧的地基附加应力，加剧其变形	适用于基底附加应力较小即小型建筑物的迫降纠倾
	地基部分加固纠倾法	通过沉降大的一侧地基的加固，减少该侧沉降，另一侧继续下沉	适用于沉降尚未稳定，且倾斜率不大的建筑纠倾
	浸水纠倾法	通过土体内成孔或成槽，在孔或槽内浸水，使地基土沉陷，迫使建筑物下沉	适用于湿陷性黄土地基
	钻孔取土纠倾法	采用钻机钻取基础底下或侧面的地基土使地基土产生侧向挤压变形	适用于软黏土地基
	水冲掏土纠倾法	利用压力水冲刷，使地基土局部掏空，增加地基土的附加应力，加剧变形	适用于砂性土地基或具有砂垫层的基础
	人工掏土纠倾法	进行局部取土，或挖井、空取土，迫使土中附加应力局部增加，加剧土体侧向变形	适用于软黏土地基
顶升纠倾	砌体结构顶升纠倾法	通过结构墙体的托换梁进行抬升	适用于各种地基土、标高过低而需要整体抬升的砌体建筑
	框架结构顶升纠倾法	在框架结构中设托换牛腿进行抬升	适用于各种地基土、标高过低而需要整体抬升的框架建筑
	其他结构顶升纠倾法	利用结构的基础作反力，对上部结构进行托换抬升	适用于各种地基土、标高过低而需要整体抬升的建筑
	压桩反力顶升纠倾法	先在基础中压足够的桩，利用桩竖向力作为反力，将建筑物抬升	适用于较小型的建筑物
	高压注浆顶升纠倾法	利用压力注浆在地基土中产生的顶托力将建筑物顶托升高	适用于较小型的建筑物和筏板基础

工程中一般采用在房屋沉降小的一侧掏土灌水，在成孔的某一半径范围内因掏孔和灌水而加大地基应力，使地基应力重分布并形成塑性区，使基础产生沉降。同时，采取有效的措施控制沉降大的一侧的沉降，达到纠倾目的。

工程实例如××钢铁集团总公司8号住宅楼，8层，室外高为24.2m，长57.86m，宽12.62m，砖混结构，钢筋混凝土条形基础，基础埋深为-2.25m，设伸缩缝一道（5、6轴处），房屋倾斜照片和平面如图2-25、图2-26所示。1994年12月该楼伸缩缝以东主体完成施工，1995年5月伸缩缝西侧主体封顶。1996年6月发现外纵墙窗台下多处出现斜向裂缝，该楼19轴处8层窗台向北倾斜145mm，并有继续发展的趋势。

图 2-25　建筑物倾斜照片

1996年7、8月两次进行工程地质补充勘察，钻孔18个。发现在该建筑物北部及东侧地下有一废弃防空洞，洞顶距地面约8m，洞高1.5～1.8m，洞宽1.5m。防空洞顶部塌落，且建筑物外已有两处塌陷至地面（一处在19与G轴交点，另一处在12与F轴交点处）。因此，建筑物发生倾斜是由于房屋下防空洞塌陷所致。

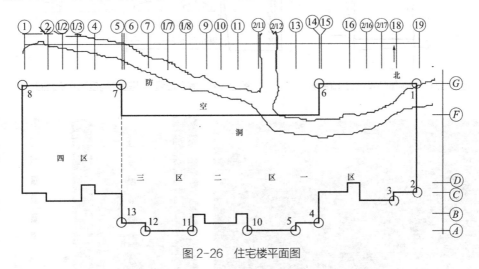

图 2-26　住宅楼平面图

根据提供的住宅楼岩土工程勘察报告、原设计图纸及检测鉴定报告，进行纠倾方案设计，确定该建筑物具备纠倾扶正的技术条件和经济价值，首先在建筑物两端防空洞处压力灌浆将防空洞两端堵死。其间沿防空洞钻孔至防空洞底，压力注浆，将防空洞空隙部分充实，并使部分水泥浆渗入周围松动土体，阻止防空洞进一步塌陷。沉降发生较大的部分（楼体的北侧防空洞位置）使用微型桩对原基础进行托换。微型桩劲型桩身为工字钢，压力灌注高强度等级砂浆，确保托换后微型桩的抗压和抗拔承载力（图2-27、图2-28）。

计算沉降差在施工时不可能一次完成，需要分次、分阶段实现。一般情况下，按照建筑物的倾斜量大小、建筑物自身结构的完整性状况设定回倾速度。设计上取值一般取为10～25mm/每次掏孔灌水（图2-29～图2-32）。

图 2-27　微型桩施工

图 2-28　承台施工

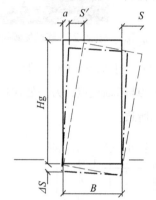

图 2-29　回倾量值及设计沉降差

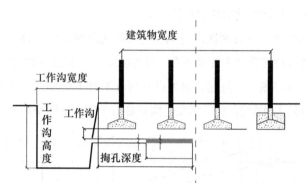

图 2-30　掏孔位置、距基底高度和掏孔深度

图 2-31　建筑物纠倾施工图

图 2-32　纠倾前后的对比图

2.4.3　地基、基础的使用管理与日常养护

地基基础属于隐蔽工程，发现问题采取补救措施对于房屋的耐久性非常重要，物业管理人员在日常的管理工作中，应给予足够的重视。做好日常的地基、基础的养护和使用管理工作，尽可能减少因使用不当引起地基基础损坏，总之主要应从以下几方面做好养护工作：

1. 坚决杜绝不合理荷载的产生

地基基础上部结构使用荷载分布不合理或超过设计荷载，会危及整个房屋的安全，而在基础附近的地面堆放大量材料或设备，也会形成较大的堆积荷载，使地基由于附加压力增加而产生附加沉降。所以，应从内外两方面加强对日常使用情况的技术监督，防止出现不合理的荷载状况。

2. 防止地基浸水

地基浸水会使地基基础产生不利的工作条件，因此，对于地基基础附近的用水设施，如上下水管、暖气管道等，要注意检查其工作情况，防止漏水。同时，要加强对房屋内部及四周排水设施如排水沟、散水等的管理与维修。

3. 保证勒脚完好无损

勒脚位于基础顶面，将上部荷载进一步扩散并均匀传递给基础，同时起到基础防水的作用。勒脚破损或严重腐蚀剥落，会使基础受到传力不合理的间接影响而处于异常的受力状态，也会因防水失效而产生基础浸水的直接后果。所以，勒脚的养护不仅仅是美观的要求，更是地基基础养护的重要部分。

4. 防止地基冻害

在季节性冻土地区，要注意基础的保温工作。对按持续供热设计的房屋，不宜采用间歇供热，并应保证各房间采暖设施齐备有效。如在使用中有闲置不采暖房间，尤其是与地基基础较近的地下室，应在寒冷季节将门窗封闭严密，防止冷空气大量侵入，如还不能满足要求，则应增加其他的保温措施。

2.5　地基基础维修案例分享

地基基础维修案例分享见二维码1。

二维码 1

✎ **知识梳理与总结**

地基基础的是房屋的重要部分，该部分因属于隐蔽工程，产生病害、缺陷往往不易被及时发现。很多建筑物上部结构的损坏往往与其有关，因此本章介绍了地基基础与建筑损坏的关系，让学生通过建筑上部结构的损坏现象来学习分析判断地基基础的损坏，并就常用的地基和基础的维修、加固方法进行介绍。作为一名物业管理人员，在前期介入工作中，要及时发现地基基础设计、施工中的隐含或存在质量问题，并能采用有效的措施；在日常的房屋管理过程中，应能对于一些因地基、基础的损坏所引起的房屋上部结构的损坏现象及早发现，密切观察，选择科学合理的方法及时维修。

思考与练习

1. 基础和地基有何不同?

2. 什么叫基础的埋深?影响它的因素是什么?

3. 地基基础的损坏对上部结构的不良影响有哪些?

4. 地基基础的损坏由谁来鉴定?不良地基、基础的加固方法有哪些?

5. 地基基础日常养护的要点是什么?

附件1:中华人民共和国行业标准:《危险房屋鉴定标准》JGJ 125—2016 (节选),见二维码2。

二维码 2

砌体结构构造与维修 3

【学习目标】

了解砌体材料、组砌方式及细部构造；熟悉砌体结构常见的质量问题；熟悉砌体结构裂缝的维修方法；掌握砌体结构日常管理及养护的工作要点及方法。

3.1 职场案例

1. 案例引入

某住宅，使用3年后，山墙墙体圈梁、柱结合处出现横向水平裂缝，贯穿墙体，接到业主报修电话，物业公司组织工程部相关人员上门查勘损坏部位（图3-1）。

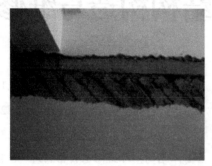

图 3-1　外墙身裂缝实例

2. 案例思考

（1）出现的所有裂缝都要维修吗？

（2）出现裂缝的房屋是不是不合格？

3.2 砌体结构

3.2.1 砌体材料

砌体结构是指用各种块材通过砂浆铺缝砌筑而成的结构，包括砖砌体、石砌体、砌块砌体等。

1. 砖

砖按材料不同，有黏土砖、页岩砖、粉煤灰砖、灰砂砖、炉渣砖等；按形状分有实心砖、多孔砖和空心砖等。其中常用的是普通黏土砖。普通黏土砖以黏土为主要原料，成型、干燥焙烧而成。

我国标准砖的规格为240mm×115mm×53mm（图3-2），即砖长：宽：厚＝4：2：1（包括10mm宽灰缝），标准砖砌筑墙体时是以砖宽度的倍数，即115＋10＝125mm为模数。这与我国现行《建筑模数协调标准》中的基本模数$M＝100$mm不协调，因此在使用中，须注意标准砖的这一特征。

图3-2　烧结普通砖的规格

砖的强度以强度等级表示，分别为MU30、MU25、MU20、MU10、MU7.5六个级别，砌筑墙体常用的是MU7.5和MU10。MU30表示砖的极限抗压强度平均值为30MPa，即每平方毫米可承受30N的压力。

2. 砌块

实心砖、空心砖和石材以外的块体都可称为砌块。其中普通混凝土或轻骨料（浮石、火山渣、煤矸石、陶粒等）混凝土制成，主要规格尺寸为390mm×190mm×190mm，空心率在25%～50%的空心砌块称混凝土小型空心砌块，简称混凝土砌块。砌块的强度等级分为MU20、MU15、MU10、MU7.5、MU5五个等级。

3. 石材

天然石材一般常采用重力密度大于18kN/m³的花岗岩、砂岩、石灰岩等几种，多用于房屋的基础和勒脚部位。石材按其加工后的外形规则程度可分为料石和毛石。石材的强度等级分：MU100、MU80、MU60、MU50、MU40、MU30、MU20七个等级。

4. 砂浆

砂浆是砌块的胶结材料，砂浆要有一定的强度、稠度和饱水性，以保证墙体的承载能力和方便施工。常用的砂浆有水泥砂浆、石灰砂浆、混合砂浆和黏土砂浆。

（1）水泥砂浆由水泥、砂加水拌和而成，属水硬性材料，强度高，但可塑性和保水性较差，适应砌筑湿环境下的砌体，如地下室、砖基础等。

（2）石灰砂浆由石灰膏、砂加水拌和而成。由于石灰膏为塑性掺合料，所以石灰砂浆的可塑性很好，但它的强度较低，且属于气硬性材料，遇水强度即降低，所以适宜砌筑次要的民用建筑的地上砌体。

（3）混合砂浆由水泥、石灰膏、砂加水拌和而成。既有较高的强度，也有良好的可塑性和保水性，故被广泛应用与地面以上的建筑。

（4）黏土砂浆是由黏土加砂加水拌和而成，强度很低，仅适用于土坯墙的砌筑，多用于乡村民居。它们的配合比取决于结构要求的强度。

砂浆强度等级有M15、M10、M7.5、M5、M2.5、M1、M0.4共7个级别。M5以上属高强度砂浆，M1到M5是常用的砌筑砂浆。在一般工程中，办公楼、教学楼以及多层建筑物宜选用M5～M10的砂浆，平房商店等多选用M2.5～M5的砂浆，仓库、食堂、地下室以及工业厂房等多选用M2.5～M10的砂浆，而特别重要的砌体宜选用M10以上的砂浆。

3.2.2 组砌方式

1. 砖墙的组砌

为了保证墙体的强度，砖砌体的砖缝必须横平竖直，错缝搭接，砂浆饱满，厚薄均匀，不能出现通缝。水平灰缝厚度宜为10mm，但不应小于8mm，也不应大于12mm。常用的上下错缝、内外搭接的方法是将顶砖和顺砖上下皮交错砌筑。每排列一层砖称为一皮。常见的砖墙砌式有全顺式（120墙）[每皮均为顺砖，上下皮错缝半砖长]，一顺一顶式、三顺一顶式或多顺一顶式、每皮顶顺相间式也叫十字式（240墙），两平一侧式（180墙）等（图 3-3）。砌体水平灰缝的砂浆饱满度不得小于80%；有冻胀环境和条件的地区，地面或防潮层以下的砌体，不宜采用多孔砖。尽管我国建筑史上一直沿用的标准砖与建筑模数不统一，但标准砖可随意截断以满足建筑模数的需要。

2. 砌块墙的组砌

砌块在组砌中与砖墙不同的是，由于砌块规格较多，尺寸较大，为保证错缝以及砌体的整体性，应先做排列设计，给出砌块排列组合图，并在砌筑过程中采取加固措施。排列设计就是把不同规格的砌块在墙体中的安放位置用平面图和立面图加以表示，施工时按图进料和安装（图 3-4）。

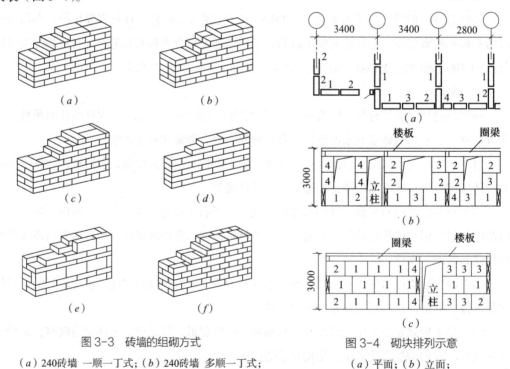

图 3-3　砖墙的组砌方式

（a）240砖墙　一顺一丁式；（b）240砖墙　多顺一丁式；（c）240砖墙　十字式；（d）120砖墙；（e）180砖墙；（f）370砖墙

图 3-4　砌块排列示意

（a）平面；（b）立面；（c）内墙立面

砌块排列组合图一般有各层平面、内外墙立面分块图。在进行砌块的排列组合时，应按墙面尺寸和门窗布置，对墙面进行合理的分块，正确选择砌块的规格尺寸，尽量减少砌块的规格类型，优先采用大规格的砌块做主要砌块，并且尽量提高主要砌块的使用率，减少局部补填砖的数量；上下皮应错缝搭接，墙体交接处和转角处应使砌块彼此搭接；采用混凝土空心砌块时，上下皮砌块应空对空、肋对肋以保证有足够的接触面（图3-5）。

当砌块墙组砌时出现通缝或错缝距离不足150mm时，应在水平缝通缝处加钢筋网片，使之拉结成整体。小砌块墙体应对孔错缝搭接，搭接长度不应小于90mm，墙体个别部位不能满足上述要求时，应在灰缝中设置拉结钢筋或钢筋网片，但竖向通缝仍不得超过两皮小砌块，小砌块应底面朝上反砌于墙上（图3-6）。

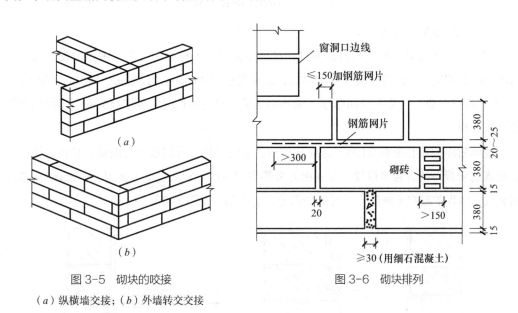

图 3-5　砌块的咬接
（a）纵横墙交接；（b）外墙转交交接

图 3-6　砌块排列

3.2.3　细部构造

为保证墙体的耐久性和与其他构件的连接，宜在相应的位置进行构件处理。墙体的细部构造包括门窗过梁、窗台、勒脚、防潮层、散水、明沟、变形缝、圈梁和构造柱等。

1. 门窗过梁

当墙体上开设有门、窗洞口时，为支撑门窗洞口上部砌体自重和上部传来的荷载，需在洞口上方设置横梁，称为过梁。过梁的形式有砖拱过梁、钢筋砖过梁（图3-7）和钢筋混凝土过梁三种。

（1）砖拱过梁

砖拱过梁分为平拱和弧拱。由竖砌的砖作拱圈，一般将砂浆灰缝做成上宽下窄，上宽不大于20mm，下宽不小于5mm。砖不低于MU7.5，砂浆不能低于M2.5，砖砌平拱过梁净跨宜小于1.2m，不应超过1.8m，中部起拱高约为1/50L。

（2）钢筋砖过梁

钢筋砖过梁用砖不低于MU7.5，砌筑砂浆不低于M2.5。一般在洞口上方先支木模，砖平砌，下设3～4根φ6钢筋要求伸入两端墙内不少于240mm，梁高砌5～7皮砖或≥L/4，钢筋砖过梁净跨宜为1.5～2m（图3-7）。

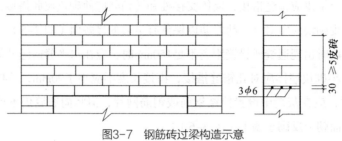

图3-7　钢筋砖过梁构造示意

（3）钢筋混凝土过梁

钢筋混凝土过梁有现浇和预制两种，梁高及配筋由计算确定。为了施工方便，梁高应与砖的皮数相适应，以方便墙体连续砌筑，故常见梁高为60mm、120mm、180mm、240mm，即60mm的整倍数。梁宽一般同墙厚，梁两端支承在墙上的长度不少于240mm，以保证足够的承压面积。

过梁断面形式有矩形和L形。为简化构造，节约材料，可将过梁与圈梁、悬挑雨篷、窗楣板或遮阳板等结合起来设计。如在南方炎热多雨地区，常从过梁上挑出300～500mm宽的窗楣板，既保护窗户不淋雨，又可遮挡部分直射太阳光（图3-8）。

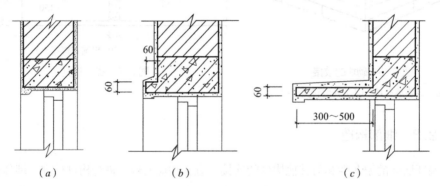

图3-8　钢筋混凝土过梁的形式

（a）平墙过梁；（b）带窗套过梁；（c）带窗楣过梁

2. 窗台

窗台构造做法分为外窗台和内窗台两个部分。外窗台应设置排水构造。外窗台应有不透水的面层，并向外形成不小于2%的坡度，以利于排水。外窗台有悬挑窗台和不悬挑窗台两种。处于阳台等处的窗不受雨水冲刷，可不必设挑窗台；外墙面材料为贴面砖时，也可不设挑窗台。悬挑窗台常采用顶砌一皮砖出挑60mm或将一砖侧砌并出挑60mm，也可采用钢筋混凝土窗。挑窗台底部边缘处抹灰时应做宽度和深度均不小于10mm的滴水线或滴水槽（图3-9）。

内窗台一般为水平放置，通常结合室内装修做成水泥砂浆抹灰、木板或贴面砖等多种饰面形式。在寒冷地区室内如为暖气采暖时，为便于安装暖气片，窗台下应预留凹龛。此时应采用预制水磨石板或预制钢筋混凝土窗台板形成内窗台。

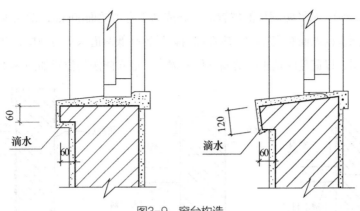

图3-9 窗台构造

3. 勒脚

勒脚是墙身接近室外地面的部分，高度一般位于室内地坪与室外地面的高差部分，为防止雨水上溅墙身和机械力等的影响，所以要求墙脚坚固耐久和防潮。一般采用以下几种构造做法（图3-10）。

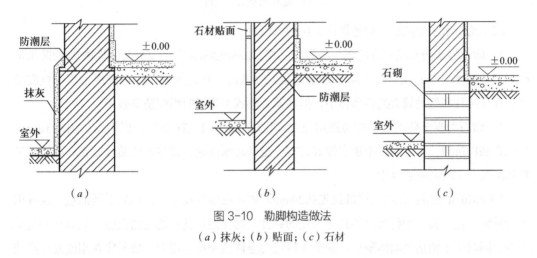

图 3-10 勒脚构造做法

（a）抹灰；（b）贴面；（c）石材

（1）抹灰：可采用20厚1：3水泥砂浆抹面，1：2水泥白石子浆水刷石或斩假石抹面。此法多用于一般建筑。

（2）贴面：可采用天然石材或人工石材，如花岗石、水磨石板等。其耐久性、装饰效果好，用于高标准建筑。

（3）整个墙脚采用强度高，耐久性和防水性好的材料砌筑，如条石、混凝土等。

4. 防潮层

（1）防潮层的位置

在墙身中设置防潮层的目的是防止基础墙毛细管水的上升，保持墙身和室内干燥提高建筑物的耐久性。构造形式上有水平防潮层和垂直防潮层（图3-11）。

水平防潮层一般应在室内地面不透水垫层（如混凝土）范围以内，通常在−0.060m标高处设置，而且至少要高于室外地坪150mm，以防雨水溅湿墙身。当地面垫层为透水材料时

（如碎石、炉渣等），水平防潮层的位置应平齐或高于室内地面60mm，即在+0.060m处。当两相邻房间之间室内地面有高差时，应在墙身内设置高低两道水平防潮层，并在靠土壤一侧设置垂直防潮层，以避免回填土中的潮气侵入墙身。墙身防潮层位置如图3-11所示。

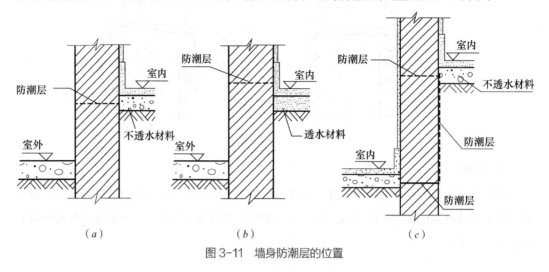

图3-11 墙身防潮层的位置

（2）墙身水平防潮层的构造做法常用的有以下三种：

1）防水砂浆防潮层：在防潮层位置抹一层20mm或30mm厚1：2水泥砂浆掺5%的防水剂配制成的防水砂浆；也可以用防水砂浆砌筑4～6皮砖。用防水砂浆作防潮层适用于抗震地区、独立砖柱和振动较大的砖砌体中，但砂浆开裂或不饱满时影响防潮效果。

2）细石混凝土防潮层：在防潮层位置铺设60mm厚C15或C20细石混凝土，内配3ϕ6或3ϕ8钢筋以抗裂。由于混凝土密实性好，有一定的防水性能，并与砌体结合紧密，故适用于整体刚度要求较高的建筑中。

3）油毡防潮层：在防潮层部位先抹20mm厚的水泥砂浆找平层，然后干铺油毡一层或用沥青粘贴一毡二油。油毡防潮层具有一定的韧性、延伸性和良好的防潮性能，但日久易老化失效，同时由于油毡使墙体隔离，削弱了砖墙的整体性和抗震能力，故不应在刚度要求高或地震区采用。如果墙脚采用不透水的材料（如条石或混凝土等），或设有钢筋混凝土的圈梁时，可以不设防潮层。

（3）墙身垂直防潮层的构造做法：在需设垂直防潮层的墙面（靠回填土一侧）先用水泥砂浆抹面，刷上冷底子油一道，再刷热沥青两道；也可以采用掺有防水剂的砂浆抹面的做法。

5. 散水与明沟

房屋四周可采取散水或明沟排除雨水。为了将积水排离建筑物，在建筑物外墙四周地面做成3%～5%的倾斜坡面，即为散水。散水又称排水坡或护坡。散水可用水泥砂浆、混凝土、砖、块石等材料做面层，其宽度一般为600～1000mm，当屋面为自由落水时，其宽度应比屋檐挑出宽度大150～200mm。由于建筑物的沉降，勒脚与散水施工时间的差异，在勒脚与散水交接处应留有缝隙，缝内填粗砂或米石子，上嵌沥青胶盖缝，以防渗水。散水整体面层纵向距离每隔6～12m做一道伸缩缝，缝内处理同勒脚与散水相交处（图3-12）。

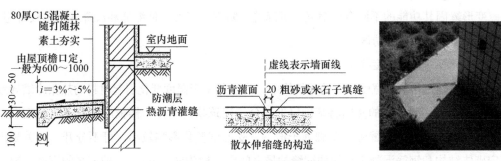

图 3-12　混凝土散水构造

　　散水适用于降雨量较小的北方地区。季节性冰冻地区的散水，还需在垫层下加设防冻胀层。防冻胀层应选用砂石、炉渣石灰土等非冻胀材料，其厚度可结合当地经验采用。

　　明沟是设置在外墙四周的排水沟，将水有组织地导向集水井，然后流入排水系统。明沟一般用素混凝土现浇，或用砖石铺砌成180mm宽，150mm深的沟槽，然后用水泥砂浆抹面。沟底应做纵坡，坡度为0.5%～1%，宽度为220～350mm，以保证排水通畅。明沟适合于降雨量较大的南方地区（图3-13）。

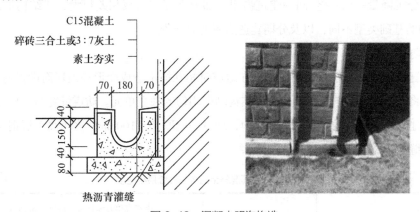

图 3-13　混凝土明沟构造

6. 变形缝

　　当建筑物的长度过大，平面形式复杂或同一建筑物个别部分的荷载或高度有较大的差别时，建筑构件会因温度变化、地基不均匀沉降或地震等作用而产生裂缝或破坏，影响建筑物的正常使用和安全。为了避免这种现象的发生，在设计和施工中将建筑物在敏感的部位用垂直的缝断开，使其成为若干个相对独立的单元，使各部分能独立变形，互不干扰。这种将建筑物垂直分开的缝称为变形缝（图3-14）。

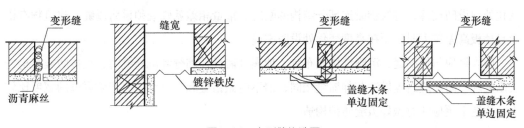

图3-14　变形缝构造图

变形缝因其功能的不同有伸缩缝、沉降缝、防震缝三种。伸缩缝和沉降缝应用较普遍，防震缝一般用于地震设防区。

（1）伸缩缝（或温度缝）

伸缩缝是在长度或宽度较大的建筑物中，为避免由于温度变化引起材料的热胀冷缩导致构件开裂，而沿建筑物的竖向将基础以上部分（建筑物的墙体、楼板层、屋顶等地面以上构件）全部断开的垂直缝隙。基础埋于地下，受温度变化影响较小，可不分开。有关规范规定砌体结构和钢筋混凝土结构伸缩缝的最大间距一般为50～75mm。伸缩缝的宽度一般为20～30mm。

（2）沉降缝

为减少地基不均匀沉降对建筑物造成危害，在建筑物某些部位设置从基础到屋面全部断开的垂直缝称为沉降缝。沉降缝的缝宽与地基情况和建筑物高度有关，其沉降缝宽度一般为30～70mm，在软弱地基上其缝宽应适当增加。

沉降缝的设置原则是：① 平面形状复杂的建筑物转角处；② 地基不均匀，难以保证建筑物各部分沉降量一致；③ 同一建筑物相邻部分高度或荷载相差很大，或结构形式不同；④ 建筑物的基础类型不同，以及分期建造房屋的毗连处。

（3）防震缝

防震缝是为了防止建筑物的各部分在地震时相互撞击造成变形和破坏而设置的垂直缝。防震缝应将建筑物分成若干体型简单、结构刚度均匀的独立单元。防震缝宽与结构形式、设防烈度、建筑物高度有关。在砖混结构中，缝宽一般取50～100mm，多（高）层钢筋混凝土结构防震缝最小宽度（表3-1）。

多（高）层钢筋混凝土结构防震缝最小宽度　　　　　　　表3-1

结构体系	建筑高度H≤15m	建筑高度H＞15m，每增高5m加宽		
		7度	8度	9度
框架结构、框-剪结构	70	20	33	50
剪力墙结构	50	14	23	35

防震缝应沿建筑物全高设置，基础可不断开。建筑平面体型复杂，有较长的突出部分，应用防震缝将其分为简单规整的独立单元；建筑物（砌体结构）立面高差超过6m，在高差变化处须设防震缝；建筑物毗连部分结构的刚度、重量相差悬殊处须设防震缝；建筑物有错层且楼板高差较大时，须在高度变化处设防震缝。

防震缝应与伸缩缝、沉降缝协调布置。地震区需设伸缩缝和沉降缝时，须按防震缝构造要求处理。防震缝封盖做法与伸缩缝相同，但不应做错缝和企口缝。由于防震缝的宽度比较大，构造上更应注意做好盖缝防护构造。

7. 圈梁

（1）圈梁的设置要求

圈梁是沿外墙四周及部分内墙设置在楼板处的连续闭合的梁，可提高建筑物的空间刚度及整体性，增加墙体的稳定性。减少由于地基不均匀沉降而引起的墙身开裂。对于抗震设防地区，利用圈梁加固墙身更加必要。

（2）圈梁的构造

圈梁有钢筋砖圈梁和钢筋混凝土圈梁两种。

钢筋砖圈梁就是将前述的钢筋砖过梁沿外墙和部分内墙一周连通砌筑而成。钢筋混凝土圈梁的高度不小于120mm，宽度与墙厚相同（图3-15）。

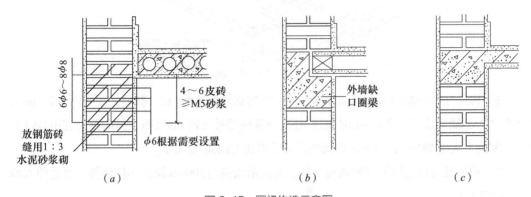

图 3-15 圈梁构造示意图

（a）钢筋砖圈梁；（b）钢筋混凝土板底圈梁；（c）钢筋混凝土板平圈梁

当圈梁被门窗洞口截断时，应在洞口上部增设相同截面的附加圈梁，其配筋和混凝土强度等级均不变（图3-16）。

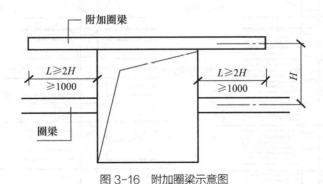

图 3-16 附加圈梁示意图

8. 构造柱

钢筋混凝土构造柱是从构造角度考虑设置的，是防止房屋倒塌的一种有效措施。构造柱必须与圈梁及墙体紧密相连，从而加强建筑物的整体刚度，提高墙体抗变形的能力。

（1）构造柱的设置要求

由于建筑物的层数和地震烈度不同，构造柱的设置要求也不相同。

（2）构造柱的构造（图3-17）

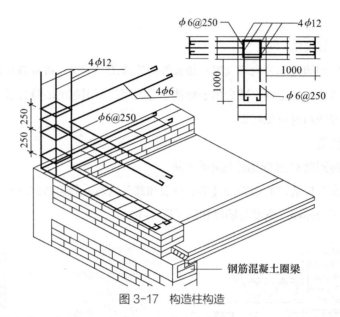

图 3-17 构造柱构造

1）构造柱最小截面为180mm×240mm，纵向钢筋宜用4ϕ12，箍筋间距不大于250mm，且在柱上下端宜适当加密；7度时超过六层、8度时超过五层和9度时，纵向钢筋宜用4ϕ14，箍筋间距不大于200mm；房屋角的构造柱可适当加大截面及配筋。

2）构造柱与墙连结处宜砌成马牙槎，并应沿墙高每500mm设2ϕ6拉接筋，每边伸入墙内不少于1m。

3）构造柱可不单独设基础，但应伸入室外地坪下500mm，或锚入浅于500mm的基础梁内（图3-18）。

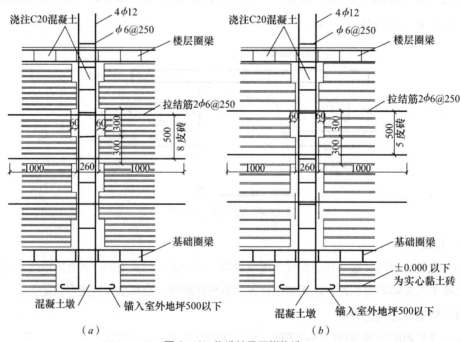

图 3-18 构造柱马牙槎构造

（a）黏土实心砖砌体构造柱预留洞；（b）黏土多孔砖砌体构造柱预留洞

3.3 质量问题及损坏原因

3.3.1 砌体结构的质量问题

砖砌体结构的质量问题主要集中在设计不当、施工质量、后期使用、自然灾害、管理及养护不及时等引起的。

（1）设计不当引起的质量问题

1）沉降缝设置不当。如沉降缝位置不设在沉降差最大处；沉降缝太窄，高层房屋沉降变形后，低层房屋随之下沉砌体受挤压而开裂。

2）建筑结构整体性差。如混合结构建筑中，楼梯间砖墙的钢筋混凝土圈梁不闭合而引起的裂缝。

3）墙内留洞。如住宅内外墙交接处留烟囱孔影响内外墙连接。使用后因温度变化而开裂。

4）不同结构混合使用，又无适当措施。如钢筋混凝土墙梁挠度过大引起墙体裂缝。

5）新旧建筑连接不当。如原有建筑扩建时，基础分离而新旧砖墙砌成整体，使结合处产生墙体裂缝。

6）留大窗洞的墙体构造不当。如大窗台墙下，上宽下窄的竖向裂缝。

（2）材料质量不良引起的质量问题

1）材料质量不合格，如砌体用砖和砂浆强度等级不符合设计要求，采用不符合标准的水泥和掺和料等；水泥安全性不合格，用含硫量超标的硫铁矿渣代砂引起砂浆开裂。

2）砖体积不稳定，如使用出厂不久的灰砂砖砌墙，因收缩不一致易引起裂缝。

（3）施工质量低劣

1）组砌方法不合理，漏放构造钢筋。如内外墙不同时砌筑，又不留踏步式接茬，或不放拉接钢筋，导致内外墙连接处产生通长竖向裂缝。施工顺序不当，如纵横墙不同时咬槎砌筑，导致新砌体墙平面外变形失稳；施工工艺不当，如灰砂砖砌筑，导致砌筑时失稳。

2）施工质量差，砂浆饱满度严重不足，施工时砖没有浸水，引起灰缝强度不足等。如墙体出现竖向偏斜，使用后受力而增加变形，甚至错动；砌体用断砖、墙中通缝、重缝较多。如某单层厂房围护外墙因集中使用断砖而裂缝。

3）留洞或留槽不当。如某办公楼在500mm宽窗间墙留脚手眼，而导致砌体开裂缝。砂浆饱满度严重不足，施工时砖没有浸水，引起灰缝强度不足等。

（4）使用或管理不当引起的

由于施工或使用中的碰撞冲击而掉角、穿洞，甚至局部倒塌；墙体在使用过程中受到酸碱腐蚀，使得部分墙体严重损伤；后期使用过程中随意开槽开洞开窗。改变建筑物用途超过原设计的荷载标准、乱拆、乱改、地基严重下沉，引起基础变形位移，墙体受力状况改变。

3.3.2 砌体结构损坏常见类型

砖砌体破坏突出表现在耐久性破坏和砌体裂缝上。

1. 耐久性破坏

砌体结构长期处于不良的环境和条件下，其耐久性会降低，主要表现为抹灰层起壳、破裂脱离，砌体表面起麻面、起皮、酥松、砌体表面剥落，以至剥蚀深度逐渐加大。由此看出，砌体耐久性破坏的过程就是其"腐烂"的过程，其实质就是砌体受腐蚀的结果。使砖砌体受腐蚀的原因要有：

（1）冻解循环造成砖砌体破坏。其损坏一般由表面开始，首先形成抹灰层脱落，砌体表面出现麻点、起皮、酥碱、剥落等。随着冻解次数的增加，砌体酥碱、剥落深度增加，造成砌体内部材料变质，严重时减弱了砖墙的厚度，进而损坏到砌体的整体强度。

（2）风化和浸渍造成损坏。风化是由于砌体材料的溶解质（如石灰等）溶了水，水蒸发后，溶解物结晶而形成沉积风化物。风化物不断堆积浸渍砌体，从而导致砌体膨胀破坏。

（3）化学腐蚀造成损坏。对砖砌体有害的腐蚀介质存在于水中，易侵蚀砖基础砂浆，若基础防潮层处理得不好，地下水中的腐蚀性介质通过砌体的毛细管作用进入墙体，腐蚀墙体。砖砌体结构的酥松，出现酥碱、剥落等腐蚀现象，影响砌体强度、外观上甚至在底层房屋的地面上部墙体泛潮，造成抹灰层酥松，霉变。

（4）使用养护上的不周。房屋建筑的檐沟、水落破损等，没有技术修好，使墙面潮湿；使用时任意拆动；对已出现的破坏现象未及时修复等，这些都会加重砖砌体的腐蚀。

2. 砌体裂缝

砌体病害中最常见的是砌体裂缝。砖砌体的特点是抗压强度较高而抗拉、抗剪的强度较低，较小的拉应力和不大的剪应力作用于砌体内部，都有可能超过其抗拉、抗剪强度，从而使砌体拉裂或剪裂，加之温度等因素影响极易造成裂缝。根据有关资料，砖混结构中的房屋建筑，砖墙开裂的占90%以上。砖砌体产生裂缝后，会影响建筑物的美观，有的还会造成建筑物的渗漏等病害，建筑物的强度、刚度、稳定性和整体性也将受到不同程度的削弱。由于温度变化或地基的不均匀沉降所致，它占砌体裂缝的90%以上。

（1）沉降裂缝

砖砌体房屋由于地基基础的不均匀沉降，使墙体内产生附加应力，当墙体内应力超过砌体的极限强度时，首先在墙体的薄弱处出现沉降裂缝，并将随不均匀沉降量的增大而不断扩大。裂缝分布规律一般如下：

1）相对弯曲，平面呈矩形、立面长高比较大（长高必大于3:1时）的砖混结构房屋，地基不均匀沉降常使纵墙产生弯曲变形而开裂。在地层均匀、荷载分布比较均匀的情况下，一般是房屋两端沉降小、中间沉降大，形成正向弯曲变形，纵墙上出现的是正"八"字形的斜裂缝。如遇到地层或荷载不均匀时，亦会发生两端沉降大、中间沉降小的反向弯曲变形，而纵墙出现的是倒"八"字形的斜裂缝见。在大跨度窗台下，由于窗间墙下基础的沉降量往往大于窗台下基础的沉降量,形成窗台处砌体的局部反向弯曲变形。因此,大窗台下的砖砌体常产生垂直裂缝,如图 3-19 所示。

2)局部倾斜,立面高度差异较大且连为一体的房屋,屋高变化部分往往由于地基较大的沉降差,使底层墙体靠近高层部分局部倾斜过大,纵墙上出现裂缝(图 3-20)。

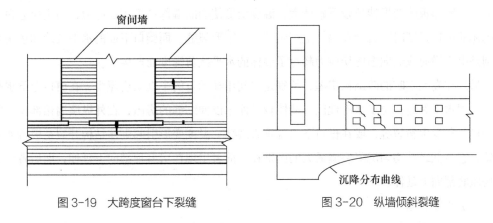

图 3-19 大跨度窗台下裂缝   图 3-20 纵墙倾斜裂缝

3)整体倾斜,上部结构整体刚度好,而压缩层范围内的基土有明显的不均匀性或偏心荷载较大时,不均匀沉降常表现为房屋建筑的整体倾斜,因倾斜而引起重心偏移。

(2)温度裂缝

由于砖砌体的线膨胀系数仅为混凝土的一半,如再加上不利的温差,则会进一步增大砖砌体与混凝土构件之间的差异。因此在楼面和屋顶为钢筋混凝土结构的砖混结构房屋上,出现温度裂缝的现象比较普遍。裂缝分布规律一般如下:

1)墙顶的"八"字斜裂缝。一般位于纵墙顶层两端的 1～2 个开间内,有时可能发展至房屋长度的 1/3 左右,裂缝一般由两端向中间逐渐升高,呈对称形。靠近两端有窗口时,则裂缝一般通过窗口的两对角,缝宽一般为中间较大,两端较细。内外纵墙都可能产生这种裂缝,有时横墙上也出现,如图 3-21 所示。

2)檐口下的水平缝。一般出现在平屋顶的檐口下或屋顶圈梁下 3～4 砖的灰缝中,沿外墙顶部分布,两端较多,向墙中部逐渐减小,如图 3-22 所示。缝口有向外张口的现象,墙的外面较里面明显,有时缝的上部砌体有向外微凸现象。

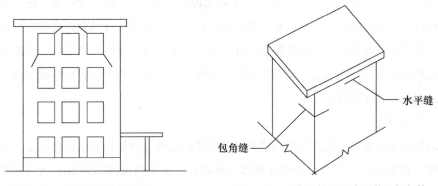

图 3-21 横墙上温度斜裂缝   图 3-22 平房顶檐口下水平缝及包角缝

3）包角缝。一般位于房屋顶部的四角，由四角向墙中部发展；缝的宽带在靠四角处较大，向中部逐渐减小，且常与水平缝连接。

以上三种形态的裂缝，主要由于屋面直接接受太阳照射的辐射热远高于墙体（在南方地区，夏季屋面温度可高达60℃左右，而内墙的温度只在30℃左右），如果屋面没有良好的隔热措施，屋面板的变形伸长较下砌体大，温度变形使墙的端部产生主拉应力，当主拉应力超过砌体的抗拉强度时，就会在墙体上产生"八"字形裂缝。而檐口下面的水平裂缝和包角裂缝则是由于横向或纵向温度切应力超过了墙体的水平抗剪强度而产生的。

另外在高大空旷的砖结构房屋，特别是中间用柱承重的半框架房屋中，在窗口上下水平处常出现水平裂缝；位于寒冷地区，墙体较长而未设伸缩缝的房屋，在外纵墙墙角部位的门窗洞口对角发生斜裂缝，或在檐口下出现垂直裂缝。温度变形引起砌体结构开裂是极普通的现象，它与低级不均匀沉降裂缝最大的区别在于前者出现在房屋顶部向下延伸，而后者出现在房屋底部向上延伸。

（3）收缩裂缝

砖砌体的收缩裂缝是由于砌筑砖块和灰浆的体积不稳定而引起，属于非受力裂缝的一种。收缩裂缝在实砌黏土砖墙中比较少见。对于采用蒸压粉煤灰砖砌筑的墙体，已有发现。主要是由于所用粉煤灰砖在工厂出釜后至砌筑到墙上的间隔时间过短（正常间隔时间宜在2周以上），砖块未经充分收缩即形成砌体，易导致砌体开裂。裂缝一般较多出现在承重墙上，多数为竖向裂缝，呈枣核形，即上下两端细，中部宽。

（4）强度裂缝

砖砌体强度裂缝是指砖砌体强度不足及荷载作用直接引起的裂缝。这类裂缝常发生在砌体直接受力部位，且其破坏形式与荷载作用引起的破坏形式相一致。常见砖砌体产生强度裂缝主要有以下几种形式：当砌体受弯矩作用或受到水平剪力作用时引起水平裂缝；当砌体轴心受压、偏心受压时，如强度不住而出现的垂直裂缝和斜向裂缝；大偏心受压砌体，一部分截面受拉，一部分截面受压，使砌体出现竖直压裂和水平拉裂；当砌体局部受压（如梁底下），由于砌体的不均匀受力，会在某一局部砌体或应力比较集中的几层砖上出现压裂缝，即垂直的或倾斜的裂缝；当砌体轴心受拉，会沿着砌体的灰缝产生垂直裂缝或斜裂缝（如首层的窗洞口较大，又无地梁时，常在窗台中间出现垂直裂缝）。强度裂缝的出现，说明荷载引起的构件内应力已接近或达到砖砌体相应的破坏强度，因此，这类裂缝出现后如不及时分析研究，作出准确的判断并采取措施处理好，砖砌体则很容易发生突然破坏，以致引起房屋倒塌，是非常危险的。而非受力裂缝则不然，因为裂缝不受荷载大小的影响而发展，砖砌体不会因此而进入破坏前的状态。

（5）振动裂缝

振动裂缝是由机器振动产生的裂缝和地震时地面剧烈运动使房屋结构受到强迫振动而产生的裂缝。机器振动产生的裂缝常在砌体的薄弱部位（如门窗洞口四角），呈不规则开裂。地震冲击波产生的裂缝有交叉裂缝和斜裂缝，一般在砌体结构的墙上和柱上，其破坏程度与

地震烈度有关。

3.4　砌体结构损坏维修与日常管理

3.4.1　砌体结构裂缝的观测

砌体房屋裂缝开展的观测是房屋质量检测的重要内容之一，砌体结构裂缝观察和维修的过程为：裂缝宽度的观测→裂缝深度的量测→查清原因→裂缝性质的判定→观测裂缝变化规律→明确处理目的→选择适当的处理时间→选用合理的处理方法。

1. 砌体结构裂缝的观察

裂缝宽度的量测：可用10～20倍裂纹放大镜和放大镜进行观测，可从放大镜中直接读数。裂缝是否发展，常用宽50～80mm，厚10mm的石膏板，固定在裂缝两侧，若裂缝继续发展，石膏板将被拉裂。

裂缝宽度的量测：一般常用极薄的薄片插入裂缝中，粗略地测量深度。精确测量可用超声波法。在裂缝两侧钻孔充水作为耦合介质，通过转换器对测，振幅突变处即为裂缝末端深度。

砌体裂缝的判别：房屋裂缝检测后，绘出裂缝分布图，并注明宽度和深度。应分析、判断裂缝的类型和成因。一般墙柱裂缝主要由砌体的荷载、地基基础的沉降、温度变化及材料干缩等引起的。

2. 砌体裂缝处理的程序

查清原因：从消除裂缝因素着手，防止再次开裂。如控制荷载，改善屋盖隔热性能。有时还可用加固屋架。

鉴别裂缝性质：根据第一节的有关内容，重点区别受力或变形两类性质不同的裂缝，尤其应注意受力裂缝的严重性与迫切性，杜绝裂缝急剧扩展而导致倒塌事故的发生。

观测裂缝变化规律：对变形裂缝应作观测，寻找裂缝变化的规律，或确定裂缝是否已经稳定，作为选择处理方案的依据。

明确处理目的：要根据原因裂缝的性质和裂缝变化规律明确处理的目的，如加固基地，减少荷载，裂缝封闭等。

选定适当的处理时间：受力裂缝应及时处理，地基变形最好在裂缝稳定后处理，温度变形裂缝宜在裂缝最宽时处理。

选用合理的处理方法：既要效果可靠，又要切实可行，还要经济合理。确保处理工作安全：对处理阶段的结构强度与稳定性进行验算，必要时采取支护措施。

满足设计要求：处理裂缝应遵守标准规范的有关规定，并满足设计要求。

3.4.2　砌体结构的维修

常见的温度裂缝、沉降裂缝和荷载裂缝在维修时要注意采取不同的处理措施。温度裂缝，一般不影响结构安全，经过一段时间观测，找到裂缝最宽的时间后，通常采用封闭保护或局部修复方法处理，有的还需要改变建筑热工构造。沉降裂缝，大多数沉降裂缝不会严重恶化而危及结构安全。通过沉降和裂缝观测，对那些沉降逐步减小的裂缝，待地基基本稳定后，作逐步修复或封闭堵塞处理；如地基变形长期不稳定，可能影响建筑物正常使用时，应先加固地基，再处理裂缝。荷载裂缝，因承载能力或稳定性不足或危及结构物安全的裂缝，应及时采取荷载或加固不强等方法处理，并应立即采取应急防护措施。

1. 砖砌体受腐蚀的维修

适用范围：墙面已腐蚀呈酥松的粉状腐蚀层。

施工机具：钢丝刷、喷枪、加压泵等。

建筑材料：高压水、碱液、石灰、氨水等碱性介质；防腐蚀材料：水泥砂浆、耐酸砂浆、耐碱砂浆、改用沥青混凝土、沥青浸渍砖；M2.5、M5、M7.5砂浆（图3-23）。

高压灌浆机器设备　　　　　　　　　高压灌浆材料

图3-23　高压灌浆设备及材料

施工方法：

（1）墙面腐蚀层的清除

对已腐蚀的墙面，呈酥松的粉状腐蚀层，必须清除干净，用钢丝刷清除浮灰、油污和尘土等，然后用压力水冲洗干净；墙面经PH试纸检查，呈微碱性即可。如表面属酸性介质腐蚀，应作中和处理，通常用碱液、石灰、氨水等碱性介质与之中和，再用清水冲洗。若表面属碱性介质腐蚀，一般不需要中和处理，用清水冲洗即可。墙面干燥后，再进行下一道工序。

（2）腐蚀层清除后墙面的修复

1）在砖砌体使用环境中砖墙受一般腐蚀的情况，可根据防腐的要求，加做水泥砂浆、耐酸砂浆或耐碱砂浆面层；或改用沥青混凝土、沥青浸渍砖等修复。对受腐蚀较严重的局部墙砖，截面削弱减少1/5以上或出现严重的空鼓、歪闪、裂缝等现象、对安全已发生影响的，可采用局部拆除重砌（换砖）的处理。补砌的墙身应搭接牢固，咬槎良好，灰浆饱满。掏补所用砂浆宜采用M2.5混合水泥砂浆。

2）对严重腐蚀的多层房屋底部墙体，可采用"架梁掏砌"方法，采用钢木支撑后，对腐蚀的墙身进行分段拆掏，每段长1～1.2m，留出接槎掏砌，直至把腐蚀部分全部掏换干净。掏换部分的顶部水平缝应用坚硬的片材（如钢片）塞紧并灌足砂浆。掏砌砂浆为M2.5、M5、M7.5的砂浆。

2. 砌体裂缝的维修

砌体裂缝的修理，一般都应在裂缝稳定以后进行。鉴别裂缝是否已趋于稳定，方法之一是在裂缝内嵌抹石膏或水泥砂浆，如图 3-24所示，经过一个时期的观察，嵌抹处如保持完整，没有出现新的裂缝，则说明裂缝已趋稳定。

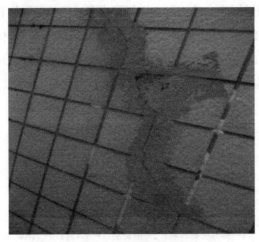

图 3-24　裂缝稳定性检测

裂缝是否需要处理以及采取什么修理方法，应从裂缝对房屋建筑的美观、强度、耐久性、使用要求等方面的影响，充分考虑后确定。有些裂缝细小，且对房屋建筑正常使用的影响不大可暂不处理。有时裂缝（如窗台处）虽不大，但造成墙体渗漏，影响使用；有的裂缝宽而深，不仅影响美观也使建筑物刚度和抗震性能有较大的削弱，这类裂缝就需作适当的处理。有裂缝引起砌体的损坏严重必须拆除重砌，才能恢复原有的强度和功能。

（1）一般砖砌体上的裂缝，可采用以下几种维护修理方法。

1）水泥砂浆填缝法

适用范围：已趋于稳定的砌体裂缝，且裸露于墙外。

施工机具：钢丝刷、喷枪、加压泵。

建筑材料：高压水、比原砂浆强度提高一级的水泥砂浆、108胶。

施工方法：

先将缝隙清理干净，用1∶3水泥砂浆或用比砌体原砂浆强度提高一级的水泥砂浆，将缝隙嵌实，亦可用108胶拌入水泥砂浆嵌抹。

施工方法评价：

该方法比较经济且施工简单，嵌缝后对砖砌体的美观、使用、耐久性等方面起到一定作用，但对加强砌体强度和提高砌体的整体性方面作用不大。

2）密封法

适用范围：裂缝随温度变化而张闭的，宜采用该法修补。

施工机具：钢丝刷、喷枪、加压泵、凿子。

建筑材料：聚乙烯胶泥、环氧胶泥、聚醋酸乙烯乳液砂浆等密封材料；丙烯树脂、硅树脂、聚氨酯或合成橡胶等弹性材料。

施工方法：

① 简单密封。将裂缝的裂口开槽，槽口宽度至少6mm以上。清除裂槽上的污物碎屑，确保槽口干燥，嵌入聚氯乙烯胶泥或环氧胶泥或聚醋酸乙烯乳液砂浆等密封材料；

② 弹性密封。用丙烯树脂、硅树脂、聚氨酯或合成橡胶等弹性材料嵌补裂缝，沿裂缝裂口凿出一个矩形断面的槽口，槽两侧凿毛，以增加面层与弹性密封材料的黏结力。槽底设置隔离层，使密封材料不直接与底层墙体黏结，避免弹性材料撕裂，如图3-25所示。槽口宽度至少为裂缝预期张开量4~6倍，使密封材料在裂缝开口时，不至破坏。

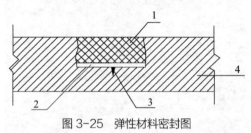

图3-25 弹性材料密封图

1—弹性密封材料；2—隔离层；3—裂缝；4—墙体

3）压力灌浆

适用范围：裂缝部分或全部在墙体内缝隙交叉。

施工机具：工程量不大时用手压泵；工程量较大时，宜采用灌浆机、灌浆泵或用空气压缩机贮气罐，如图3-26所示。

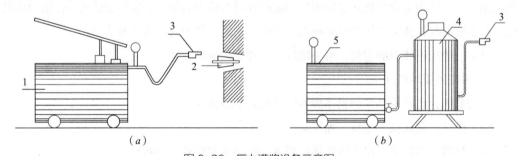

（a）   （b）

图3-26 压力灌浆设备示意图

（a）手压泵灌浆；（b）空压机灌浆

1—手压泵；2—灌浆泵；3—灌浆枪；4—灌浆桶；5—空压机

建筑材料：水泥，用强度等级为32.5~42.5的硅酸盐水泥或普通硅酸盐水泥；砂子，粒径不大1.2mm；108胶，固体含量10%~12%，pH为7~8；水玻璃（硅酸钠），比重为1.37~1.55，模数为2.3~3.3；聚醋酸乙烯乳液（木工胶）；水。

施工方法：

① 准备好必要的机具，并对裂缝情况进行检查，对于裂缝靠近砌体尽端的，经受不住一定压力的墙体，须用临时支撑加固。

② 确定灌浆口的位置。当裂缝宽度为1mm以下的细微缝隙时，灌浆口间距为200~300mm；当裂缝宽度为1~5mm的中缝时，灌浆口间距为300~400mm；当裂缝宽度为

5～15mm的粗缝隙时，灌浆口间距为400～500mm。

③ 用气动或电动砖墙打眼机，在确定的灌浆口位置上打眼，眼深10～20mm，直径为30～40mm。再用具有0.2MPa以上压力的风管清除缝隙内碎块粉末等杂物，尤应注意清理打眼的灌浆口，保证缝内畅通无阻。但是不可用凿子将裂缝处凿开，以防加剧砌体破坏程度。

④ 做灌浆口，用长约40mm，直径为12.7mm的铁管做芯子，放在打好的孔洞上，然后用1:3水泥砂浆封闭抹平。待砂浆初凝后，轻轻转芯子，然后将其拔出，即做成喷浆口。

⑤ 封堵裂缝。内墙面如抹灰层仍完好、没有脱皮，则只用麻刀灰或在麻刀灰中掺入少量石膏将缝隙封严即可。如抹灰层已脱落，则须将缝隙两侧各50mm宽的抹灰层铲除，再进行封缝。外墙面视裂缝宽度，可用水泥砂浆、纯水泥浆或准备灌浆用的浆液封缝。

⑥ 灌浆首先灌水。把水倒入浆罐中，灌浆枪对准灌浆口，灌适量的水，以保证浆液畅通。也可将自来水直接对准灌浆口将水灌入。

⑦ 压力灌浆。将配好的浆液倒入灌浆桶中，开动空气压缩机，灌浆枪对准墙面上的灌浆口，自下而上逐步灌浆。当灌下面的浆口，浆从上面口流出时，即用橡皮塞将下面口堵住，开始灌上面口。全部灌完时，待半小时后，要进行第二次补灌，灌浆顺序从上往下，必须全部灌严。

⑧ 堵灌浆口。补灌浆完成后，即用1:3水泥砂浆将灌浆口抹平。

4）钢筋水泥夹板墙

适用范围：裂缝较多且贯穿墙面用钢筋网绑扎于墙身两面，外抹水泥砂浆或满喷混凝土，这不但能消除众多裂缝的扩大而且大大增加了墙的抗剪强度。

施工机具：手锤钢钎、风动工具、电钻。

建筑材料：钢筋网。

施工方法：

用风锤钢钎或风动工具封材料将原墙体的松动软弱部分凿除，并将裂缝剔凿成"V"形槽，其余面层凿毛。然后用电钻在墙上凿洞，将配置$\phi 6@100$的钢筋网，用拉结钢筋固定于墙两侧，用压缩空气清洗吹净，浇水湿润，以利于砂浆或混凝土与墙体能良好的黏结，如图3-27所示。然后抹20～25mm厚1:2水泥砂浆。当裂缝左右的砌体错位超过30mm时，应喷射50mm厚C20混凝土。

（2）加固修理

当砌体强度不足时，一般先做好地基加固然后再进行维修。局部拆砌为砌体严重破坏时常用的一种恢复性维修措施。当砌体局部损坏其截面削弱1/5以上，或出现严重倾斜、墙面弓突等损坏现象，使墙体失去稳定性、减弱承载能力时，一般采用此法处理。拆砌时必须加强安全工作，做好卸荷、支撑、稳定其他墙体的技术措施，并应事先计划好拆砌范围。

拆砌部分的施工时，一定要做好与各联结点的接槎，必要时加设联结钢筋以加强整体性；使用砂浆砌筑时必须在联结处的墙体、砖块上浇水湿润以提高黏结度；如墙体部有梁时应做好梁垫，避免砌体受到局部的较强压力。拆砌后的砌体必须符合房屋修缮工程质量规定，经检查合格后，方可进入下一道抹灰工作。

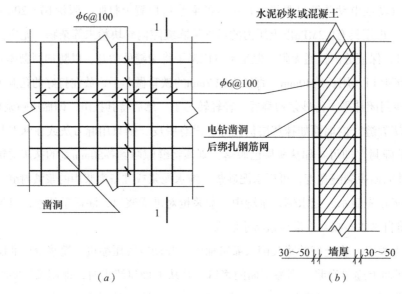

图 3-27　钢筋网加固墙上示意图

（a）钢筋网加固墙体立面图；（b）加固墙剖面图1-1

3.4.3　砌体结构的日常管理

1. 做好砖砌体耐久性破坏的防治

防止砌体结构耐久性的破坏，对建筑物正常、安全使用和延长建筑物使用年限具有重要意义。因此首先要搞好砌体的维护和管理，防止砌体受潮和受腐蚀，应做好下列几项工作：消除或最低限度地减少侵蚀介质和环境腐蚀的影响，提高砌体耐蚀能力；对热工性能不足的外墙、檐口等部位采取加厚墙体或其他保温措施，以消除内墙面，顶棚的"结露""挂霜"等现象；对湿度较大的或经常关闭的小房间应加强对防水层、排水设施的维护、防止水的侵蚀；及时维修失效的防水层，养护好已有的防水层；保持室外场地平整和排水坡度，防止建筑物周围积水；禁止墙上任意开洞，或直接无组织的排放污水、蒸汽等，以防侵蚀墙体；对已风化，侵蚀在墙上的结晶物，应用钢丝刷子刷除，防止继续腐蚀墙体；经常维修屋面保持屋面排水系统正常工作，做到屋面不渗漏；对于已经维修后的砖砌体，应针对破坏的因素，采取有效措施，防止砌体再次发生腐蚀。

2. 禁止随意拆改墙体引起房屋的损坏

在房屋的装饰中，存在大量随意拆改墙体的现象，墙体的拆改会导致相邻墙体产生不应有的开裂损坏，给房的结构安全带来严重的影响。随意拆改墙体的做法主要有以下几种：随意在承重横墙上开门打洞或改变门窗大小；随意拆除卧室的前包檐墙，使卧室与阳台连成一片；随意拆除室内半砖或一砖厚自承重墙；随意在墙体上开槽等。

（1）随意拆改墙体的危害

1）削弱房屋墙体的抗震性

根据《建筑抗震鉴定标准》GB 50023—2009规定，多层砌体房屋的抗震性能分为两级鉴定。对于层高3m左右、墙厚为240mm的实心黏土砖房屋，如果第一级鉴定横墙间距和房屋宽度符合规范限值要求，其前提必须是在层高的1/2处门窗洞口所占的水平截面积，对于承重横墙应不大于总截面的50%。如果在纵横墙上过多开洞、扩洞，是纵横墙上的门窗洞水平截面积超过标准规定面积，则还需进行第二级鉴定。需分别验算某一楼层拆墙后纵向或横向抗震墙在层高1/2处净截面的总面积与该楼层建筑面积之比是否满足纵横向抗震墙的基准面积率要求。如果小于基准面积率，则该多层砌体房屋的抗震能力不满足抗震鉴定要求，影响房屋的抗震能力。

2）影响阳台的安全使用

如果阳台为现浇钢筋混凝土挑板式或现浇钢筋混凝土梁板式阳台，如图 3-28（a）、（b）所示，则前包檐墙除了承受上部墙体的重量外，还要承受阳台的全部或部分荷载，且起到抵抗阳台倾覆的作用。该墙一旦被拆除，不仅阳台可能因抗弯、抗扭承载力不足而破坏，而且大大削弱了抵抗悬挑阳台倾覆的能力，从而危及阳台的使用安全。

3）影响上层墙体和楼板的安全，对于横墙承重的多层住宅，若采用设置挑梁式的悬挑阳台，如图3-28（c）所示，则该前包檐墙虽然不直接承受阳台荷载，但仍要求承受上层重量，如果中间某一层的墙体被拆除，上层墙体便失去支撑，导致上层墙体的损坏、开裂，也危及拆墙者自身安全。对于室内无楼面梁支撑的各层连续砌筑的自承重墙、一砖厚或半砖厚隔墙，随意将其拆除也存在同样问题。住宅厨房、卫生间的半砖隔墙一般承受现浇钢筋混凝土楼板传来的荷载。如果随意拆除厨房、卫生间的半砖隔墙，会改变现浇楼板的支撑情况或扩大板的跨度，从而改变现浇楼板的工作状态，导致现浇楼板工作的不安全。

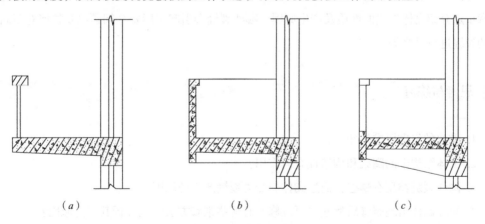

（a）   （b）   （c）

图 3-28 阳台构造图

（a）现浇挑板式阳台；（b）现浇梁板式阳台；（c）挑梁式阳台

（2）对随意拆改墙体的应急措施

1）对随意拆改承重墙或因在墙体上打洞导致楼盖、屋盖出现险情的状况，应及时对受影响的楼盖、屋盖作有效地支顶，防止楼盖、屋盖局部垮塌。

2）对于因拆除前包檐墙可能导致悬挑阳台抗倾覆矩不足的情况，必须立即责令恢复墙体的原状，以确保悬挑阳台的使用安全。

3）对随意拆改的墙体，一般难以恢复原状时，应按照经房屋安全鉴定机构审定的加固方案进行加固。

3. 砌体裂缝的养护

定期检查，随时观测和监视砌体的受潮和受腐蚀情况，查明原因及时采取措施；对于湿度大经常用水的房间，如卫生间，要做好内墙面的防水，以防止水侵入砖砌体内；及时修复破损的排水水斗、雨水管，避免雨水对局部墙体的长期侵蚀；及时修复破损的勒脚抹灰层，确保散水、明沟能有效排水，防止房屋周围积水；禁止在墙上随意开洞或开洞而未加防护措施，使墙体结构受损，减弱承载能力；保持室外场地平整和排水坡度，以防建筑周围积水；避免建筑物不按设计要求使用，随意超载。修理工作一般应在结构不均匀沉降已经稳定、裂缝不再发展时进行，但必要时应做好临时加固工作后再进行维修。

3.5 砌体结构维修案例分享

二维码 3

砌体结构维修案例分享见二维码3。

📝 知识梳理与总结

砌体结构损坏是目前物业房屋管理中经常遇到的损坏现象，其中耐久性和裂缝是最常见的两种损坏。有些裂缝属于正常现象不影响建筑物的使用，有些裂缝存在安全隐患，因此在本章重点介绍砌体裂缝的性质及产生原因、哪些裂缝会引起房屋安全问题以及如何对不同性质的裂缝进行维修等。

📋 思考与练习

1. 砌块的组砌要求是什么？
2. 砌体结构中的圈梁和构造柱有何作用？
3. 砌体裂缝类型有哪些？简述砌体非受力裂缝产生的原因？
4. 简述砌体出现裂缝后哪些需要维修？有哪些维修方法？试分析其产生原因？
5. 随意拆改墙体的危害有哪些？如发现业主随意拆改墙体作为物业管理人员应采用何种方法能更好地让业主配合你的工作？简述工作程序。
6. 简述砌体构造日常养护的要点？

混凝土结构构造与维修 4

【学习目标】

通过教学，要求学生了解混凝土结构损坏的原因及常见的损坏现象，能根据损坏现象分析损坏原因，掌握常见损坏的维修方法，学会根据具体的损坏问题编制维修方案。

4.1 职场案例

1. 案例引入

某小区交付入住一年后业主开始报修室内顶棚起鼓（爆筋）现象，统计发现共发生楼板顶棚漏筋40余户，占总户数2%。经过分管工程师现场查看、分析，初步判断属楼板底部钢筋保护层不够导致顶棚起鼓（爆筋）（图4-1）。

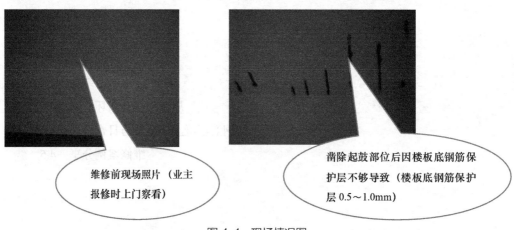

维修前现场照片（业主报修时上门察看）

凿除起鼓部位后因楼板底钢筋保护层不够导致（楼板底钢筋保护层 0.5~1.0mm）

图4-1 现场情况图

2. 维修过程

（1）将顶棚爆筋部位进行全面检查凿除后进行除锈处理（图4-2）。

将楼板底部起鼓部位钢筋进行防锈处理

图4-2 除锈处理

（2）将顶棚爆筋处用抗裂砂浆进行封堵。

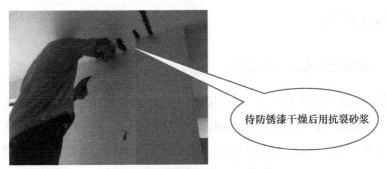

待防锈漆干燥后用抗裂砂浆

图4-3　爆筋处用抗裂砂浆封堵

（3）将顶棚爆筋部位抗裂砂浆封堵处粘贴碳纤维及防裂布（图4-4）。

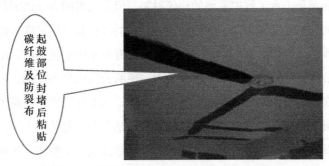

起鼓部位封堵后粘贴碳纤维及防裂布

图4-4　抗裂砂浆封堵处粘贴碳纤维及防裂布

（4）按照涂料装修工艺工序流程进行施工处理（恢复装修后图片，如图4-5所示）。

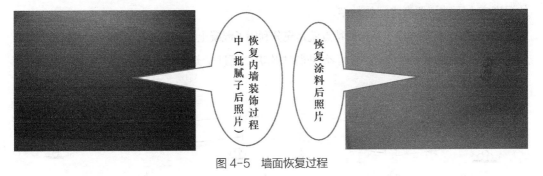

恢复内墙装饰过程中（批腻子后照片）

恢复涂料后照片

图4-5　墙面恢复过程

3. 维修小结

　　室内顶棚爆筋维修过程中及时与业主保持联系和沟通，维修完成后首先要经过分管区域工程师验收确认后，再通知业主来现场对我们维修结果进行复验，因此本次维修业主对维修服务表示非常满意。

4. 案例思考

（1）混凝土构件漏筋需要维修吗？不维修会产生哪些后果？

（2）你还知道哪些混凝土构件损坏的问题？

4.2 混凝土结构

4.2.1 混凝土结构的一般概念

混凝土结构包括素混凝土结构、钢筋混凝土结构、预应力混凝土结构。混凝土结构是房屋建筑、桥梁、隧道、矿井以及水利、海港等工程都广泛使用的结构形式。由无筋或不配置受力钢筋的混凝土制成的结构称为素混凝土结构;由配置受力的普通钢筋、钢筋网或钢筋骨架的混凝土制成的结构称为钢筋混凝土结构;由配置受力的预应力钢筋通过张拉或其他方法建立预加应力的混凝土制成的结构称为预应力混凝土结构。

混凝土和钢筋都是土木工程中重要的建筑材料,但是二者的力学性能并不相同,混凝土抗压强度较高,而抗拉强度则很低;钢筋的具有很高的抗拉和抗压强度,但在一般的环境中易于锈蚀,耐火性差,细长的钢筋容易被压屈。若在混凝土中配置钢筋,用抗拉强度高的钢筋承受拉力,用抗压强度较高的混凝土承受压力,使两者性能得到优化,可充分发挥两者的强度,同时放置在混凝土中的钢筋受到混凝土的保护,则不易锈蚀,提高了耐火性能。试验表明,钢筋和混凝土这两种性质不同的材料能有效地结合在一起共同工作,其原因主要是混凝土和钢筋之间有着良好的粘结力,两者能够可靠地结合成一个整体,在荷载作用下能共同变形;其次,钢筋和混凝土具有相近的温度线膨胀系数(钢筋的温度线膨胀系数为$1.2\times10^{-5}/℃$,混凝土的温度线膨胀系数为$1.0\times10^{-5}\sim1.5\times10^{-5}/℃$,),当温度变化时,不致产生较大的温度应力而破坏两者之间的粘结。

总的来说,钢筋混凝土结构的特点就是充分利用了混凝土和钢筋的材料性能,用混凝土主要承受压力,钢筋主要承受拉力,使两者共同发挥作用,而且在实际工程中应用最为普遍(图4-6)。

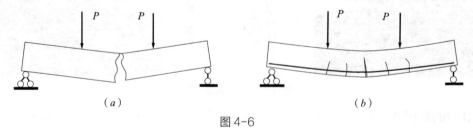

(a) (b)

图4-6

（a）素混凝土梁承载力小,破坏突然;（b）钢筋混凝土梁承载力大,变形性能好,破坏有预告

预应力混凝土结构由于是由配置受力的预应力钢筋通过张拉或其他方法建立预加应力的混凝土制成的结构,故而有效提高混凝土构件的抗裂性能和构件的刚度,因此在实际工程中也有较为广泛的应用。

4.2.2 混凝土结构的特点

1. 混凝土结构优点

（1）钢筋和混凝土两种材料都具有较高的强度。

（2）结构耐久性好；混凝土的强度在良好环境下，随着时间增加，混凝土强度增大；且混凝土对钢筋有保护作用，不像钢结构经常保养与维修，故而使用的时间长、效果好，维保花费比较少。

（3）耐火性好；混凝土传热性能差，发生火灾时由于混凝土保护层的存在钢筋不会很快达到软化的危险程度，以避免结构倒塌破坏，比钢、木结构耐火性好。

（4）混凝土结构现浇或装配式，整体性好，有利于抗震、防爆防辐射。

（5）因混凝土具有流动性而适用性强、可模性好，根据需要可浇筑成任何尺寸及形状。

（6）易就地取材；混凝土所用原材料为砂、石，可就近、就地取材，运输费用少，降低造价，也可用工业废料（矿渣、粉煤灰等）制成人造骨料用于混凝土结构中。

2．混凝土结构缺点

（1）结构本身自重大，对大跨、高层、结构抗震等不利，但可用轻质高强度混凝土来改善。

（2）抗裂性能不好，正常使用情况下，一般钢筋混凝土结构中存在裂缝，这将导致结构刚度下降，变形增大，影响其耐久性。

（3）需用模板，工期长工序多，施工环节复杂，且受季节气候条件限制，对已建成的结构，补强、维修工作困难。

随着技术的不断发展，这些缺点已经或正在逐步得到克服。例如，采用轻质高强混凝土以减轻结构自重；采用预应力混凝土以提高结构的抗裂性；采用预制装配结构或工业化的现浇施工方法等加快施工速度，采用高性能混凝土提高混凝土的力学性能和耐久性等。我国是使用混凝土结构最多的国家，很多有名的建筑都是钢筋混凝土结构，例如上海电视塔、长江三峡水利枢纽工程等。以后混凝土结构在我国的应用会更加广泛。

4.2.3　混凝土结构材料的物理力学性能

1．混凝土的强度

普通混凝土是由水泥、砂子和骨料三种基本材料用水拌和并经过养护凝固硬化后形成的人工石材，是一种由具有不同性质的多组分组成的多相复合材料。浇注混凝土时的泌水作用会引起沉缩，硬化过程中由于水泥浆水化造成的化学收缩和干缩受到骨料的限制，会在不同层次的界面引起结合破坏，形成随机分布的界面裂缝。混凝土中的砂、石、水泥胶体组成了弹性骨架，主要承受外力，并使混凝土具有弹性变形的特点。而水泥胶体中的凝胶、孔隙和界面初始微裂缝等，在外力作用下使混凝土产生塑性变形。另外，混凝土中的孔隙、界面微裂缝等缺陷又往往是混凝土受力破坏的起源。由于水泥胶体的硬化过程需要多年才能完成，所以混凝土的强度和变形也随时间逐渐增长。

（1）单轴向应力状态下的混凝土强度

混凝土的强度与水泥强度等级、水灰比有很大关系；骨料的性质、混凝土的级配、混凝土成型方法、硬化时的环境条件及混凝土的龄期等也不同程度地影响混凝土的强度；试件的大小和形状、试验方法和加载速率也影响混凝土强度的试验结果。

1）混凝土的立方体抗压强度和强度等级

立方体试件的强度比较稳定，所以我国把立方体强度值作为混凝土强度的基本指标，并把立方体抗压强度作为评定混凝土强度等级的标准。

我国国家标准《普通混凝土力学性能试验方法标准》GB/T 50081—2002规定以边长为150mm的立方体为标准试件，标准立方体试件在（20±3）℃的温度和相对湿度90%以上的潮湿空气中养护28d，按照标准试验方法测得的抗压强度作为混凝土的立方体抗压强度，单位为N/mm^2。

《混凝土结构设计规范》规定用上述标准试验方法测得的具有95%保证率的立方体抗压强度作为混凝土的立方体抗压强度标准值，用符号$f_{cu,k}$表示。其强度等级应按立方体抗压强度标准值$f_{cu,k}$确定。《混凝土结构设计规范》规定的混凝土强度等级有C15、C20、C25、C30、C35、C40、C45、C50、C55、C60、C65、C70、C75和C80，共14个等级。例如，C30表示立方体抗压强度标准值为$30N/mm^2$。其中，C50～C80属高强度混凝土范畴。

钢筋混凝土结构的混凝土强度等级不应低于C15；当采用HRB335级钢筋时，混凝土强度等级不宜低于C20；当采用HRB400和RRB400级钢筋以及承受重复荷载的构件，混凝土强度等级不得低于C20。预应力混凝土结构的混凝土强度等级不应低于C30；当采用钢绞线、钢丝、热处理钢筋作预应力钢筋时，混凝土强度等级不宜低于C40。

混凝土的立方体抗压强度随着成型后混凝土的龄期逐渐增长，增长速度开始较快，后来逐渐缓慢，强度增长过程往往要延续几年，在潮湿环境中往往延续更长。

2）混凝土的轴心抗压强度f_c

混凝土的抗压强度与试件的形状有关，采用棱柱体比立方体能更好地反映混凝土结构的实际抗压能力。用混凝土棱柱体试件测得的抗压强度称轴心抗压强度。

我国《普通混凝土力学性能试验方法》规定以150mm×150mm×300mm的棱柱体作为混凝土轴心抗压强度试验的标准试件。棱柱体试件与立方体试件的制作条件相同，棱柱体试件的抗压强度比立方体的强度值小，并且棱柱体试件高宽比越大，强度越小。

3）混凝土的轴心抗拉强度f_t

抗拉强度是混凝土的基本力学指标之一，也可用它间接地衡量混凝土的冲切强度等其他力学性能，可以采用直接轴心受拉的试验方法来测定。试验表明，轴心抗拉强度只有立方抗压强度的1/17～1/8，混凝土强度等级愈高，这个比值愈小。

（2）复合应力状态下的混凝土强度

实际混凝土结构构件大多是处于复合应力状态，例如框架梁、柱既受到柱轴向力作用，又受到弯矩和剪力的作用。节点区混凝土受力状态一般更为复杂。常见工程范例：钢管混凝土柱、螺旋箍筋柱、密排侧向箍筋柱。可提供侧向约束，以提高混凝土的抗压强度和延性。

2. 混凝土的变形

混凝土在一次短期加载、荷载长期作用和多次重复荷载作用下会产生变形。这类变形称为受力变形。另外，混凝土由于硬化过程中的收缩以及温度和湿度变化也会产生变形，这类变形称为体积变形。变形是混凝土的一个重要力学性能。

（1）一次短期加载下混凝土的变形性能

混凝土受压时的应力-应变关系

这条曲线（图4-7）包括上升段和下降段两个部分。上升段（OC）又可分为三段，从加载至应力约为（0.3～0.4）fc的A点为第1阶段，由于这时应力较小，应力-应变关系接近直线，称A点为比例极限点。超过A点，进入裂缝稳定扩展的第2阶段，至临界点B，临界点的应力可以作为长期抗压强度的依据。此后随荷载增加，在BC段，裂缝发展加快，宽度加大，塑性变形急剧加大，很快达到峰值C点，这一阶段为第3阶段，这时的峰值应力σ_{max}通常作为混凝土棱柱体的抗压强度fc，相应的应变称为峰值应变ε_0，其值在0.0015～0.0025之间波动，通常取为0.002。

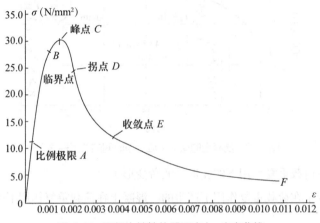

图4-7　混凝土棱柱体受压应力-应变曲线

下降段CE是混凝土到达峰值应力后裂缝继续扩展、贯通，从而使应力-应变关系发生变化。此段曲线中曲率最大的一点E称为"收敛点"。收敛段EF已失去结构意义。

图4-8的试验曲线表明，对于不同强度等级的混凝土，其相应的应力-应变曲线有着相似的形状，但也有区别。随着混凝土强度的提高，下降段度越陡，材料的延性越差。

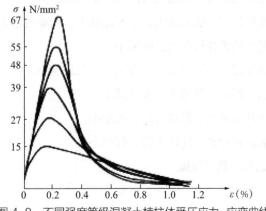

图4-8　不同强度等级混凝土棱柱体受压应力-应变曲线

（2）荷载长期作用下混凝土的变形性能

结构或材料承受的荷载或应力不变，而应变或变形随时间增长的现象称为徐变（图4-9）。当对棱柱体试件加载，应力达到 $0.5f_c$ 时，其加载瞬间产生的应变为瞬时应变 ε_{ela}。若保持荷载不变，随着加载作用时间的增加，应变也将继续增长，这就是混凝土的徐变 ε_{cr}。当初期荷载完全卸除后，混凝土会经过一个徐变的恢复过程（约为20d），卸载后的徐变恢复变形称为弹性后效 ε''_{ela}，其绝对值仅为徐变变形的1/12左右。在试件中还有绝大部分应变是不可恢复的，称为残余应变 ε'_{cr}。

影响混凝土徐变的因素很多，三个方面：内在因素，环境影响，应力因素。

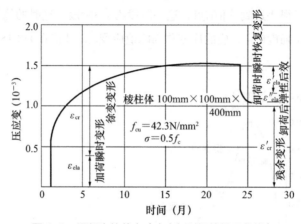

图4-9 混凝土的徐变（应变与时间的关系曲线）

（3）混凝土在荷载重复作用下的变形（疲劳变形）

混凝土的疲劳是在荷载重复作用下产生的。混凝土在荷载重复作用下引起的破坏称为疲劳破坏。

（4）混凝土的收缩与膨胀

混凝土凝结硬化时，在空气中体积收缩，在水中体积膨胀。通常，收缩值比膨胀值大很多。

影响混凝土收缩的因素有：

1）水泥的品种：水泥强度等级越高制成的混凝土收缩越大。

2）水泥的用量：水泥越多，收缩越大；水灰比越大，收缩也越大。

3）骨料的性质：骨料的弹性模量大，收缩小。

4）养护条件：在结硬过程中周围温、湿度越大，收缩越小。

5）混凝土制作方法：混凝土越密实，收缩越小。

6）使用环境：使用环境温度、湿度大时，收缩小。

7）构件的体积与表面积比值：比值大时，收缩小。

3. 钢筋与混凝土之间的粘结性能

（1）粘结力

粘结力是指钢筋和混凝土接触界面上沿钢筋纵向的抗剪能力，也就是分布在界面上的纵向剪应力。而锚固则是通过在钢筋一定长度上粘结应力的积累、或某种构造措施，将钢筋"锚固"在混凝土中，保证钢筋和混凝土的共同工作，使两种材料正常、充分地发挥作用。

钢筋与混凝土的粘结锚固作用所包含的内容有：① 混凝土凝结时，水泥胶的化学作用，使钢筋和混凝土在接触面上产生的胶结力；② 由于混凝土凝结、收缩，握裹住钢筋，在发生相互滑动时产生的摩阻力；③ 钢筋表面粗糙不平或变形钢筋凸起的肋纹与混凝土的咬合力；④ 当采用锚固措施后所造成的机械锚固力等。

（2）影响粘结强度的因素

1）混凝土的质量：水泥性能好、骨料强度高、配比得当、振捣密实、养护良好的混凝土对粘结力和锚固非常有利。

2）钢筋的形式：使用变形钢筋比使用光面钢筋对粘结力要有利得多。

3）钢筋保护层厚度：钢筋的混凝土保护层不能过薄；另外，钢筋的净间距不能过小。就粘结力的要求而言，为了保证粘结锚固性能可靠，应取保护层厚度$C \geqslant$钢筋的直径d，以防止发生劈裂裂缝。

4）横向钢筋对粘结力的影响：横向钢筋可以延缓内裂缝和劈裂裂缝的发展，提高粘结强度。设置箍筋可将纵向钢筋的抗滑移能力提高25%，使用焊接骨架或焊接网则提高得更多。

5）钢筋锚固区有横向压力时对粘结力的影响：此时混凝土横向变形受到约束，摩阻力增大，抵抗抗滑好，有利于粘结强度。

6）反复荷载对粘结力的影响：结构和构件承受反复荷载对粘结力不利。反复荷载所产生的应力愈多，则粘结力遭受的损害愈严重。

4. 钢筋混凝土构件对钢筋性能的一般要求

（1）强度

所谓强度是指钢筋的屈服强度及极限强度。钢筋的屈服强度是设计计算时的主要依据（无明显流幅的钢筋由它的条件屈服点强度确定）。改变钢材的化学成分，采用高强度钢筋可以节约钢材，取得较好的经济效果。应考虑钢筋有适宜的强屈比（极限强度与屈服强度的比值），保证结构在达到设计强度后有一定的强度储备，同时应满足专门规程的规定。

（2）塑性

要求钢材在断裂前应有足够的变形（伸长率）以保证构件和结构的延性，在钢筋混凝土结构中，给人们以将要破坏的报警信号，从而采取措施进行补救。另外，还要保证钢筋冷弯的要求，通过检验钢材承受弯曲变形能力的试验以间接反映钢筋的塑性性能。

（3）可焊性

可焊性是评定钢筋焊接后的接头性能的指标，在一定的工艺条件下，要求钢筋焊接后不产生裂纹及过大的变形，保证焊接后的接头性能良好。尽量减小焊接处的残余应力和应力集中。

（4）温度要求

钢材在高温下，性能会大大降低，对常用的钢筋类型，热轧钢筋的耐火性最好，冷轧钢筋次之,预应力钢筋最差。在进行结构设计时要注意施工工艺中高温对各类钢筋的影响,同时注意混凝土保护层厚度对构件耐火极限的要求。在寒冷地区,为了防止钢筋发生脆性破坏,对钢筋的低温性能也应有一定的要求。

4.2.4 混凝土结构的使用功能

为保证混凝土结构的安全可靠,在规定的时间内和在正常的使用条件下,混凝土结构应满足以下功能要求:

(1)安全性。结构应能承受正常施工和正常使用时可能出现的各种荷载和变形。在偶然事件(如地震、爆炸等)发生时和发生后保持必需的整体稳定性,不致发生倒塌;

(2)适用性。结构在正常使用过程中应具有良好的工作性。例如,不产生影响使用的过大变形或振幅,不发生足以让使用者不安的过宽的裂缝等;

(3)耐久性。结构在正常维护条件下应有足够的耐久性,完好使用到设计规定的年限(即设计使用年限,例如一般建筑结构可以规定为50年)。例如,混凝土不发生严重风化、腐蚀、脱落,钢筋不发生锈蚀等。

需要注意,结构的设计使用年限与建筑物的使用年限有一定的联系,但不等同于建筑结构的使用年限。超过设计使用年限的结构并不一定就损坏了不能使用,只是其完成预定功能的能力越来越差。

4.3 质量问题及损坏原因

4.3.1 钢筋混凝土构件常见的缺陷

混凝土常见的缺陷主要有蜂窝、麻面、漏筋、孔洞、缺棱掉脚、露筋、裂缝及混凝土、钢筋被腐蚀等。混凝土结构的缺陷主要是由于混凝土结构或构件在建造施工过程中产生的缺陷及在建成后使用过程中产生的损伤。

(1)在施工时建筑材料使用不当,如砂、石含泥量大,水质不良、水泥强度等级不足、沙石含泥量大等会造成混凝土强度严重下降出现酥松现象。混凝土浇筑时浇捣不当或漏捣,模板缝隙过大导致水泥浆流失,钢筋较密或石子相应过大,养护不当都会形成蜂窝、孔洞(图4-10)、露筋等现象;模板清理不干净、表面不光滑,模板湿润不够或漏涂隔离剂,混凝土振捣不密实,拆模不当都会早造成构件表面麻面、破损等。

(2)在使用过程中由于使用不当,并缺乏必要维护措施,使构件遭受到碰撞、超载、高温、有害介质侵蚀、甚至部分构件人为破坏、拆除等而导致混凝土构件出现掉角、露筋、损裂、酥松等缺陷。这些缺陷的严重程度,若仅在混凝土表层,如尚未超过钢筋的保护层,对构件截面损坏较小,不致影响结构的强度及结构的安全使用,这种损坏不影响构件近期使用的可靠性,但这种损坏的发展对结构长期使用的耐久性有影响;若这些缺陷深度超过构件钢筋的混凝土保护层,对构件的有效截面有一定损失,以致会影响构件的强度和结构近期使用的可靠性。因此，混凝土建筑施工过程中应预防发生施工缺陷，在使用过程中应避免损坏并及时维护，以确保建筑工程质量和建筑使用耐久性。

图 4-10 墙体根部混凝土严重烂根，产生孔洞

4.3.2 混凝土的腐蚀与钢筋的锈蚀

（1）混凝土的腐蚀、碳化

在雨水、雪水、硫酸盐、酸类、强碱等腐蚀性气体或液体的长期作用下，混凝土中的水泥会发生一系列的物理化学反应，破坏水泥的结构，导致水泥胀裂等。从化学角度来看，混凝土显示出强碱性，会在钢混表面形成氧化膜，也叫钝化膜，对混凝土结构内部的钢筋起到了保护作用。然而，大气中的 CO_2 或其他酸性气体的渗透，经过长期作用，使混凝土中性化而降低其碱度，这就是混凝土的碳化现象其碳化过程的化学反应式如下。碳化会引起水泥化学组成及组织结构的变化，对混凝土有明显影响，如图4-11所示。碳化将显著增加混凝土的收缩，降低混凝土抗拉、抗折强度，降低混凝土的碱度而减弱对钢筋的保护作用。

图 4-11 混凝土碳化

混凝碳化过程的化学反应式：

$$CO_2 + H_2O \longrightarrow H_2CO_3$$

$$Ca(OH)_2 + H_2CO_3 \longrightarrow CaCO_3 + 2H_2O$$

$$xCaO \cdot ySiO_2 \cdot yH_2O + nH_2CO_3 \longrightarrow xCaO_3 + ySiO_3 \cdot nH_2O + zH_2O$$

（2）钢筋的锈蚀

钢筋混凝土构件中，由于混凝土的高碱性，它能有效地保护钢筋。但是若保护层混凝土破坏或碳化使其保护性能不足，钢筋表面的氧化膜遭到破坏，这时如果有水分浸入，钢筋就会锈蚀，如图 4-12 所示。钢筋锈蚀后，其有效受力截面减小，钢筋与混凝土之间的粘着力降低，构件的强度也相应受到影响。此外，若钢筋锈蚀严重时，体积膨胀将导致构件沿钢筋长度方向出现纵向裂缝，并可引起混凝土保护层脱落，从而降低构件的受力性能和耐久性能，最终将使结构构件破坏或失效。尤其是预应力混凝土梁、板内的高强度钢丝，由于断面小，应力高，一旦发生锈蚀、危险性更大，严重时会导致构件断裂。

钢筋产生锈蚀的原因有很多，在正常环境情况下，主要由于混凝土不密实或有裂缝存在造成钢筋的锈蚀。尤其当水泥用量偏小，水灰比不当和振捣不良，或者在混凝土浇筑中产生漏筋、蜂窝、麻面等情况，都给水（汽）、氧和其他侵蚀性介质的渗透创造了有利条件，从而加速了钢筋的锈蚀。此外，若混凝土内掺入一定量的氯盐也会加速钢筋的锈蚀。

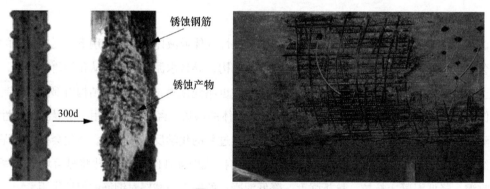

图 4-12　钢筋锈蚀

4.3.3　钢筋混凝土结构的裂缝

混凝土开裂是非常普遍的，不少钢筋混凝土结构的破坏都是从裂缝开始的。因此必须十分重视混凝土裂缝的分析与处理。但是应该指出的是，混凝土中的有些裂缝是很难避免的。例如，普通钢筋混凝土受弯构件，在30%～40%设计荷载时就可能开裂；而受拉构件开裂时的钢筋应力仅为钢筋设计应力的1/14～1/10。除了荷载作用造成的裂缝外，更多的是混凝土收缩和湿度变形导致开裂的。后者一般都不危及建筑结构的安全。

钢筋混凝土结构上产生的裂缝常见于非预应力受弯、受拉等构件和预应力构件的某部分。按裂缝产生的原因和性质主要可分为荷载裂缝、温度裂缝、收缩裂缝、腐蚀裂缝和张拉裂缝五种。

1. 荷载裂缝

钢筋混凝土结构在荷载作用下变形而产生的裂缝称为荷载裂缝。在构件的受拉区、受剪

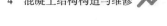

区或受振动影响严重的部位多出现这种裂缝，且裂缝在不同的受力特性和不同的受力大小情况下，具有不同的性状和规律。

（1）受弯构件的裂缝

钢筋混凝土受弯构件（如梁、板）裂缝常见的有垂直裂缝和斜裂缝两种。垂直裂缝一般出现在梁、板结构弯矩最大的横截面上，如图 4-13（a）所示板的1/2号裂缝分别为支座负弯矩和跨中正弯矩产生的垂直裂缝。斜裂缝一般发生在剪力最大的截面，通常在支座附近，由下部开始，多数沿45度方向向跨中上方发展，是弯矩和剪力共同作用的结果，如图 4-13（b）中所示次梁3号裂缝。如图 4-13（b）所示中的1、2号裂缝分别为次梁的支座负弯矩和跨中正弯矩产生的垂直裂缝。主梁上也可能同次梁一样，在上述部位产生受力裂缝，此外，主梁在支撑次梁处还可能出现如图 4-13（c）所示的斜裂缝。

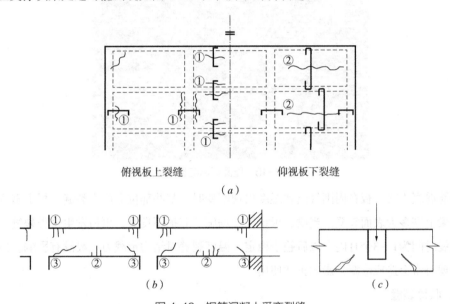

俯视板上裂缝　　　仰视板下裂缝

（a）

（b）　　　　　　　　　　（c）

图 4-13　钢筋混凝土受弯裂缝

（a）整体现浇板的裂缝；（b）次梁的裂缝；（c）主梁在次梁处的斜裂缝

（2）受压构件的裂缝

受压构件的常见裂缝如图 4-14所示。

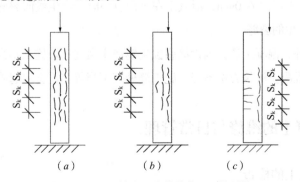

（a）　　　　　（b）　　　　　（c）

图4-14　受压柱在正常荷载作用下的裂缝

（a）轴压柱；（b）小偏压柱；（c）大偏压柱

（3）受拉构件的裂缝

对轴心受拉构件，如地面水池、钢筋混凝土屋架下弦拉杆，其裂缝间距大致相等，裂缝宽度也大致相同，而对偏心受拉构件，如水箱顶、底与四壁，裂缝出现在弯矩最大的地方，多数只有一条，也可能有2~3条，但肯定有一条为主裂缝。

2. 温度裂缝

钢筋混凝土结构受大气及周围环境温度变化，或大体积混凝土施工时产生大量水化热等因素的影响而冷热变化时会使其发生收缩和膨胀，当收缩和膨胀受到限制时产生温度应力，若温度应力超过混凝土强度时就会产生裂缝，这种裂缝称为温度裂缝（图4-15）。

图4-15 屋面板温度裂缝

钢筋混凝土梁、板在周围气温和湿度出现剧变时，某些部位会产生裂缝，板上多为贯通裂缝，梁上则多为表面裂缝。当梁、板结构现场施工养护不良时，更易发生这类裂缝。一般裂缝发展时间为1~3个月内，以后趋于稳定。温度裂缝对结构承载力一般没有影响，但在屋面上出现时常会造成渗漏，影响正常使用。

3. 收缩裂缝

由于混凝土收缩形成的收缩变形引起的裂缝，称为收缩裂缝（又称干缩裂缝）。单向走廊现浇板，由于纵向的分布钢筋间距过大，容易在横向造成收缩裂缝，裂缝间距约为4~6m（板厚为70mm时）。预制铺板，如果在面层内未配钢丝网，因此开裂，其间距约为1~2m。若梁内纵向钢筋的间距大于650mm，混凝土在纵向收缩时会产生横向裂缝。

4. 其他因素产生的裂缝

除了上述裂缝外，混凝土还会因钢筋腐蚀生锈产生裂缝；若施工不当，如过早拆除支撑模板、模板变形、混凝土浇筑方法不当、施工缝处理不当等，也会引起施工裂缝。

4.4 钢筋混凝土的维修与日常管理

4.4.1 混凝土的检查

钢筋混凝土裂缝和耐久性出现问题会对房屋的使用寿命甚至安全性能产生影响，物业管理人员在房屋管理过程如发现混凝土构件发现存在以上问题应进行检查，必要时采取有效的维修措施。常用的钢筋混凝土构件的检查主要包括以下部分：

混凝土裂缝检查目的是为了推断建筑物开裂的原因、判定有无必要进行修补与加固补强。对结构或构件裂缝的检测应包括裂缝的位置、裂缝的形式、裂缝走向、长度、宽度、数量、裂缝发生及开展的时间过程、裂缝是否稳定，裂缝内有无盐析、锈水等渗出物，裂缝表面的干湿度，裂缝周围材料的风化剥离情况，开裂的时间、开裂的过程等。

裂缝的位置、数量、走向可用目测观察，然后记录下来，也可用照相机、录像机等设备记录。

裂缝的宽度、长度、裂缝的稳定性等观察则需要用专门的检测仪器和设备，检测裂缝长度的仪器为直尺、钢卷尺等长度测量工具。

裂缝的深度可采用超声法检测或局部凿开检查，必要时可钻取芯样予以验证。超声法检测采用非金属超声仪检测，检测时裂缝中不能有积水（图4-16）。

图4-16　裂缝超声波探测

检测裂缝宽度的仪器有裂缝对比卡、刻度放大镜（放大倍数10~20）、裂缝塞尺、百分表、千分表、手持式引伸仪、弓形引伸仪、接触式引伸仪等。裂缝宽度较小时，采用裂缝刻度放大镜、裂缝对比卡；裂缝宽度较大时，可用塞尺等。裂缝的宽度测量应注意同一条裂缝上其宽度是不均匀的，检测目标是找出最大裂缝宽度（图4-17）。

裂缝稳定性观测，裂缝的性质可分为稳定裂缝和活动裂缝两种。活动裂缝亦为发展的裂缝，对于仍在发展的裂缝应进行定期观测，在构件上作出标记，用裂缝宽度观测仪器如接触式引伸仪、振弦式应变仪等记录其变化，或骑缝贴石膏饼，观测裂缝发展变化。常用的也是最简单的方法是在裂缝处贴石膏饼，用厚10mm左右，宽约50~80mm的石膏饼牢固地黏贴在裂缝处，因为石膏抗拉强度极低，裂缝的微小活动就会使石膏随之开裂。

混凝土材料耐久性破坏的检查：

混凝土的耐久性是指混凝土抵抗环境作用的能力，它包括渗透性能、抗冻融性能、抗磨性能、抗化学物质侵蚀性能和保护钢筋的能力等。常用目测进行，检查时选取代表性部分，用手锤或风动工具进行局部清理，暴露内部混凝土，观测并记录材料变质、破坏的分布位置、深度、特征、结构的裂缝和变形等。

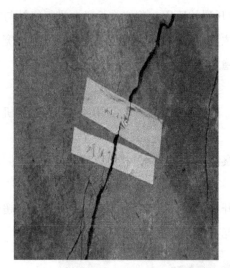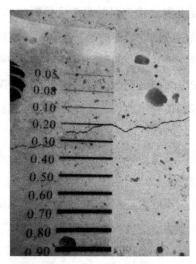

图 4-17　裂缝宽度对比及观测

4.4.2　钢筋的检查

钢筋检查主要是钢筋锈蚀的检查。钢筋锈蚀后，钢筋截面积减少，锈蚀产物体积膨胀2~4倍，使钢筋与混凝土的粘结力降低，锈蚀产生的膨胀力还会引起混凝土顺筋裂缝，严重时保护层剥落钢筋锈断。

检查钢筋锈蚀的方法有剔凿法、取样法、自然电位法和综合分析法。

（1）剔凿法，凿开钢筋混凝土保护层，用钢丝刷刷去浮锈，用游标卡尺测量钢筋剩余直径，主要量测钢筋截面有缺损部位的钢筋直径，以此计算钢筋截面损失率。

（2）取样法，取样可用合金转头、手锯或电焊截取，样品的长度视测试项目而定，若须测试钢筋力学性能，样品应符合钢筋试验要求，仅测定钢筋锈蚀量的样品的实际长度，在氢氧化钠溶液中通过电除锈。将除锈后的试样放在天平上称出残余质量与该种钢筋公称质量之比即为钢筋的剩余截面率。当已知锈前钢筋质量时，则取锈前质量与称量质量之差来衡量钢筋的锈蚀率。

（3）自然电位法，是利用检测仪器的电化学原理来定性判断钢筋混凝土中钢筋锈蚀程度的一种方法。当混凝土中的钢筋锈蚀时，钢筋表面便有腐蚀电流，钢筋表面与混凝土表面碱存在于电位差，电位差的大小与钢筋锈蚀程度有关，运用电位测量装置，可大致判断钢筋锈蚀的范围及其严重程度。

（4）综合分析判定方法

综合分析判定方法，检测的参数可包括顺筋裂缝宽度、混凝土保护层厚度、混凝土强度、混凝土碳化深度、混凝土中有害物质含量以及混凝土含水率等，以及剔凿后露出钢筋的锈蚀层厚度，剩余钢筋直径等情况综合判定钢筋的锈蚀状况（图4-18）。

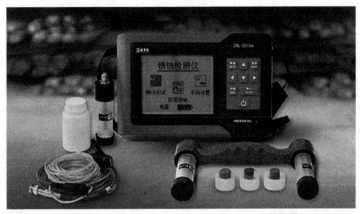

图 4-18　钢筋锈蚀检测仪

4.4.3　钢筋混凝土构件的维修

已有建筑物及构筑物常常因设计或施工的缺陷以及长期使用过程中的老化、破坏，甚至自然灾害，造成混凝土结构承载力不足、开裂以及抗震性能不良等，影响建筑物及构筑物的安全和使用功能，从而不得不考虑结构的修复加固问题，其中混凝土表面损坏的维修是物业公司维修人员应掌握的维修方法。

1. 混凝土缺陷表面损坏的修补

混凝土表面损坏主要是指钢筋混凝土结构或构件在建造过程中产生的缺陷及在使用过程中形成的侵蚀破损。这些缺损仅发生在混凝土表层，并且缺损不影响结构近期使用的可靠性，但其发展对结构长期使用的可靠度会产生影响。因而，对混凝土表面损坏进行维修，除可使建筑物满足外观使用要求外，主要是防止风化、侵蚀、钢筋锈蚀等，以免损害结构或构件的核心部分，从而达到提高建筑物的使用年限和耐久性。

（1）涂刷水泥浆面层修补

适用范围：如果混凝土构件表面出现麻面、小蜂窝或轻微腐蚀可用涂刷水泥浆的方法进行修补，这时我们在物业管理过程中经常使用的维修方法。

施工机具：凿子、钢丝刷等工具。

建筑材料：水泥砂浆。

施工方法：

需修补部位用凿子、钢丝刷等工具将有缺陷、病害的松动混凝土清除干净——用压力水将碎屑冲洗干净——待充分润湿后用水泥砂浆（水灰比＝0.4）抹平。

（2）抹刷水泥浆修补

适用范围：对混凝土构件表层数量不多的缺损，如蜂窝、露筋、裂缝、缺棱掉角、酥松、腐蚀、保护层胀裂以及小破损等，都可采用抹水泥砂浆的方法进行修补。

施工机具：凿子、小锤、钢丝刷等工具。

建筑材料：1∶2或1∶2.5水泥砂浆。

施工方法：

混凝土表层清理工作：对缺棱掉角及一些小破损应检查是否有松动部分，松动的可用小锤轻轻敲掉，对蜂窝可用凿子把不密实部分全部凿掉，对裂缝可沿其走向凿宽成U形或V形槽将混凝土清除干净（图4-19），对因钢筋锈蚀而胀裂的混凝土保护层应凿去直至露出新鲜混凝土；对酥松层以及经风化后的腐蚀层，应凿去直至露出强度未受损失的新鲜混凝土——凿去表层缺陷后，用钢丝刷刷去混凝土表面的浮渣碎屑，刷去已外露钢筋的锈蚀层，在用压力水将碎屑冲洗干净待充分润湿后抹上水泥浆打底——最后用1∶2或1∶2.5水泥砂浆填满压实抹平——修补后需及时进行适当的洒水养护，保护修补层的质量。

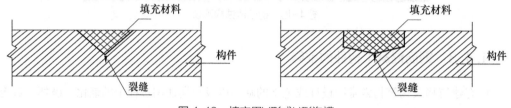

图4-19　填充用V形或U形沟槽

（3）环氧树脂配合剂修补

适用范围：对各种大小的稳定裂缝或不规则龟裂，可分情况用环氧树脂的各种配合剂进行修补。用于混凝土修补的环氧树脂配合剂有：环氧粘结剂、环氧胶泥、环氧砂浆、环氧浆液等。

施工机具：凿子、小锤、钢丝刷等工具。

建筑材料：环氧树脂配合剂。

施工方法：

混凝土表层清理，去掉油污，并在裂缝部位用丙酮或酒精擦洗——待混凝土表面干燥——涂刷环氧树脂配合液：宽度≤0.1mm的发丝裂缝或不规则龟裂，涂刷环氧粘结剂封闭，主要防止渗水或潮气浸入；宽度0.1～0.2mm宽的裂缝可用环氧胶泥修补；宽度≥0.2mm以上宽的裂缝用环氧胶泥、环氧砂浆修补。

（4）喷射水泥砂浆修补

适用范围：重要混凝土结构物或大面积的混凝土表面缺陷和破损的修补。

施工机具：凿子、小锤、钢丝刷、水泥喷浆机等工具。

建筑材料：1∶2或1∶2.5水泥砂浆。

施工方法：

将水泥浆通过机械施加压力喷射附着到需修补部位，凝固成新的，从而保护、参与或代替原结构层工作，以达到恢复或提高结构的强度、刚度、抗渗性和耐久性的目的。

2. 混凝土深层损坏的修补

对混凝土结构构件的深层损坏是指损坏深度已超过了构件的混凝土保护层，这时损坏削弱了构件的有效截面，并会影响构件的强度和结构近期使用的可靠性。因而对深层损坏进行维修，不仅要有表层维修的外观要求，更重要的是要达到补强的效果。这就要求修补材料必须具有足够的强度（应采用比原构件混凝土结构强度高一级的材料），并且具有良好的粘结性能，与原构件的混凝土基层粘结在一起形成整体共同工作。另外，还要采用有效的补强工艺技术，保证结构构件维修部分的密实性及定位成型。

（1）细石混凝土修补

适用范围：对混凝土结构构件中较大或较集中的蜂窝、孔洞、破损、漏石或较深的腐蚀等。

施工机具：凿子、小锤、钢丝刷、抹缝刀、刷子等工具。

建筑材料：水灰比<0.5，混凝土采用比原混凝土高一个强度等级的细石混凝土。

施工方法：

先将蜂窝或孔洞修补范围内软弱、松散的混凝土凿去——检查缺陷区钢筋是否需要除锈、修正和补配——用清水将剔凿好的孔洞冲洗干净并充分润湿——表层抹水泥浆增强新旧混凝土的粘结（或在填入的混凝土中掺入水泥用量的0.01%的铝粉）——分层填入细石混凝土并捣实（水灰比<0.5，混凝土采用比原混凝土高一个强度等级的细石混凝以减少收缩变形）。

说明：如果仅对缺陷中局部进行修补可采用环氧混凝土按此方法来进行修补，但材料较贵，施工工艺要求高，特点强度高、干硬快、抗渗能力强。通常只有在特殊需要的情况下才使用。

（2）喷射混凝土修补

适用范围：若结构构件的缺陷与破损没有损害钢筋，也没有引起结构变形，则可采用喷射混凝土修补方法。

施工机具：凿子、小锤、钢丝刷、喷浆机等工具。

建筑材料：重量配合比水泥∶砂∶石子＝1∶2∶2

施工方法：

先将蜂窝或孔洞修补范围内软弱、松散的混凝土凿去，尽量把蜂窝、孔洞外口凿大，避免死角便于喷补密实——检查缺陷区钢筋是否需要除锈、修正和补配——喷射手分段按自下而上先墙后拱的顺序进行喷射，喷射时喷头尽可能垂直受喷面，夹角不得小于70度，一次喷射混凝土厚度50～70mm，并要及时复喷，复喷间隔时间不得超过2个小时。否则应用高压水重新冲洗受喷面。

（3）水泥、化学灌浆修补

适用范围：对于不宜清理的较深、较大的蜂窝或孔洞，对结构整体有影响或有防水、防渗要求。可采用化学或水泥灌浆的方法。缝宽大于0.5mm的裂缝用水泥灌浆；宽度小于0.5mm的裂缝或较大的温度裂缝可采用化学灌浆。

施工机具：贮气罐、空气压缩机、贮浆罐、送气管、输浆管、连接头、钢嘴。

建筑材料：水泥砂浆水灰比为1∶1或2∶1；化学浆液（结构补强）：环氧树脂浆液、甲基丙烯酸酯类浆液材料；防渗堵漏：水玻璃、丙烯酰胺、聚氨酯、丙烯酸盐。

施工方法：

水泥灌浆：钻孔，采用风钻或打眼机孔距1~1.5m。除浅孔采用骑缝孔外，一般钻孔轴与裂缝呈30~40度斜面，孔深应穿过裂缝面0.5m以上，当有两排或两排以上的孔时，应交错或呈梅花形布置，防止沿裂缝钻孔。冲洗，每条缝钻孔完毕后应进行冲洗，其顺序按竖向排列自上而下逐孔进行。止浆和堵漏，在缝面冲洗干净后，在裂缝表面用1：2水泥砂浆或环氧胶泥涂抹，将裂缝封闭严实。埋管，安装前应在外壁塞上就棉絮并用麻丝缠紧后旋入孔中，孔口管壁周围的孔隙要塞紧，并用水泥砂浆或硫磺砂浆封堵，防止冒浆或灌浆管从孔口脱出→用压力水做渗水试验，采取灌浆孔压水，排气孔排水的方法，检查裂缝和管路畅通情况，然后关闭排气孔，检查止浆堵漏效果。灌浆，采用2：1、1：1等水灰比的水泥浆，灌浆压力一般为0.294~0.491MPa，压浆完毕时浆孔内应充满灰浆，并填入湿净砂，用棒捣实。

灌浆法施工程序如图4-20所示。钢筋混凝土裂缝灌浆维修如图4-21所示。

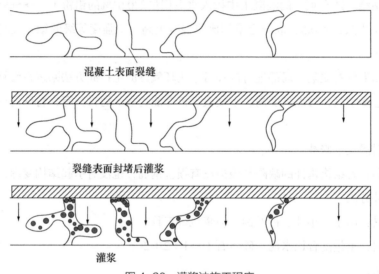

混凝土表面裂缝

裂缝表面封堵后灌浆

灌浆

图4-20　灌浆法施工程序

图4-21　钢筋混凝土裂缝灌浆维修

3. 钢筋锈蚀的维修

（1）锈蚀不严重的维修

若钢筋锈蚀不严重，混凝土表面仅有细小裂缝，或个别破损较小，则可对裂缝或损坏处的混凝土保护层用水泥砂浆或环氧胶泥封闭或修补，方法见上。

（2）锈蚀严重的维修

若钢筋锈蚀严重，混凝土裂缝较大，保护层剥离较多的情况，应对结构作认真检查，必要时需先采取临时支撑加固，再凿掉混凝土腐蚀松散部分，彻底清除钢筋上的锈蚀；对于钢筋锈蚀严重，有效面积减少的情况，应焊接适当面积的钢筋以补强，然后将需做修补的旧混凝土表面凿去，对有油污处，用丙酮清洗，再用高一级的细石混凝土对裂缝和破损处做修补，必要时加钢筋网补强。

4.4.4　钢筋混凝土结构的日常管理

钢筋混凝土机构的养护要做好以下几方面的工作：

（1）对混凝土机构的变形缝、预埋件、给水排水设施等的使用情况，应进行定期检查、发现腐蚀、渗漏、开裂和垃圾杂物积污等情况要及时处理。对在混凝土机构上任意开凿孔洞，要及时制止。对易受碰损的混凝土处，应增设必要的防护措施。

（2）钢筋的混凝土保护层损坏要及时修补，以防止钢筋锈蚀。若房屋室内环境中存在侵蚀件介质或相对湿度较大时，应采取加强通风的措施，并可在构件处表面涂抹腐蚀层，如沥青漆、过氯乙烯漆、环氧树脂涂料等进行防护。

（3）防止杂散电流的腐蚀，以防钢筋锈蚀。如改善载流设备的绝缘，减少甚至杜绝直流电流泄漏到钢筋混凝土结构中和地下土壤中去。

（4）做好建筑物的屋面隔热层、保温层、室外排水设施以及地基基础等的维护工作，发现问题要及时处理，避免和减少由此对结构带来的不利影响。

（5）房屋的使用应满足设计要求，不得随意改变用途、超载使用，不得随意对结构进行改造。

4.5　维修案例分享

混凝土结构维修案例分享见二维码4。

二维码 4

 知识梳理与总结

混凝土结构是建筑重要的承重构件，本章对该类结构的受力特点、损害现象、原因和常用的养护及维修方法进行讲解。建筑物的结构构件加固和维修方法很多，针对不同构件的受力特征，采用相适用的方法，常见的加固方法可参见表4-1。

常用构件的加固方法   表4-1

名　　称		特　　点	适用范围
墙体	混凝土墙	1. 钢筋混凝土加大截面积法； 2. 不锈钢绞线或镀锌钢丝绳加聚合物砂浆加固法	提高强度和刚度
	砌体墙	1. 砂浆面层加固法； 2. 钢筋网砂浆面层加固法； 3. 钢筋混凝土加板墙加固法； 4. 不锈钢绞线或镀锌钢丝绳加聚合物砂浆加固法	提高轻度或刚度
柱	混凝土柱	1. 加大截面积法； 2. 外粘型钢加固法； 3. 预应力加固法	提高强度和刚度
	钢柱	1. 外包混凝土加固法； 2. 外补型钢加固法； 3. 预应力加固法	提高强度和刚度
	砌体柱	外包混凝土加固法	提高强度和刚度
梁	混凝土梁	1. 增大截面积法； 2. 外粘型钢加固法； 3. 体外加预应力加固法； 4. 粘贴纤维复合材料加固法； 5. 粘贴纤维复合材料加固法； 6. 钢绞线或钢丝绳-聚合物砂浆加层加固法； 7. 增设支点加固法	提高强度和刚度
	钢梁	加大截面积法	提高强度和刚度
楼板	混凝土楼板	1. 增大截面积法； 2. 外粘钢板加固法； 3. 体外加预应力加固法； 4. 粘贴纤维复合材料加固法； 5. 钢绞线或钢丝绳-聚合物砂浆加层加固法； 6. 增设支点加固法	提高强度和刚度
	钢楼板	1. 增大截面积法； 2. 增设支点加固法	提高强度和刚度
屋架	混凝土屋架	1. 改变传力途径加固法； 2. 外粘型钢加固法； 3. 体外增加预应力加固法； 4. 增加截面积加固法	提高强度和刚度、稳定性
	钢屋架	1. 增设支撑或支点加固法； 2. 改变支座连接价格法； 3. 体外加预应力加固法； 4. 增大杆件截面加固法； 5. 增设杆件价格法	提高强度和刚度、稳定性

练习与思考题

1. 钢筋混凝土结构的工作原理是什么？

2. 混凝土的变形特点和影响混凝土收缩的因素是什么？

3. 影响钢筋和混凝土粘结的因素是什么?

4. 钢筋混凝土常见的质量缺陷有哪些?试分析其产生原因。

5. 钢筋混凝土裂缝的种类和特征有哪些?

6. 钢筋混凝土结构缺陷有哪些修补方法?其适用范围如何?

7. 钢筋混凝土结构出现裂缝后有哪些修补方法?

8. 什么是混凝土碳化?它对混凝土结构有何影响?

9. 简述混凝土结构日常养护的要点。

钢结构构造与维修

5

【学习目标】

通过教学，要求学生了解钢结构损坏的原因及常见的损坏现象，能根据损坏现象分析损坏原因，掌握常见损坏的维修方法，学会根据具体的损坏现象编制维修方案。

5.1　职场案例

1. 案例分析

某物业公司通过投保接管了省网球体育中心，该项目一共有3个场馆，均为钢结构，接管五年后在日常巡视中有锈蚀现象发生，通过观察发现钢结构的锈蚀每年基本以递增的速度增长。第一年为斑状锈点，然后形成锈点气泡，第二年气泡破裂后在外界的介质催促下开始往纵深处腐蚀，而后涂层带着氧化铁开始脱落。

2. 维修及养护方案

（1）分析原因

该结构损坏部位由于长期暴露于空气或潮湿的环境中，其表面没有防护措施，就会产生钢结构腐蚀、使得结构过早的破坏。因此要及时除锈并有有效的防腐和保养措施。

（2）维修和养护防腐

1）除锈在对构件表面涂刷前，对钢结构表面的附着物进行彻底的清理。由于生锈部位少，此次采取了手工除锈的防腐。利用刮刀、铲刀、手锤、钢丝刷等钢制工具，靠手工敲铲，用砂布、砂纸和砂轮进行手工打磨来去除污物，使构件表面基本达到无油污、无铁锈、无毛刺。

2）涂膜层彻底清除

用石灰和纯碱配成的稀溶液或5%～10%（质量分数）的氢氧化钠溶液，涂刷3～4遍。使旧漆膜，起皱脱落，再用铲刀刮去，用清水洗净。

3）重新涂装施工

涂漆前应对基层进行彻底清理，并保持干燥，在不超过8h内，尽快涂头道底漆。

4）定期检查与维护

3. 维修小结

一般钢结构防腐蚀设计年限不宜低于5年，重要结构不宜低于15年。由于钢结构防腐蚀

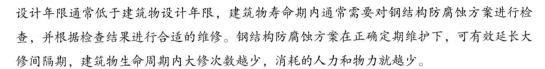

设计年限通常低于建筑物设计年限，建筑物寿命期内通常需要对钢结构防腐蚀方案进行检查，并根据检查结果进行合适的维修。钢结构防腐蚀方案在正确定期维护下，可有效延长大修间隔期，建筑物生命周期内大修次数越少，消耗的人力和物力就越少。

4. 案例思考

（1）防腐蚀涂料是最常用的防腐蚀方案，你所知道的防腐蚀方案还有哪些？

（2）同一结构不同部位的钢结构可以采用不同的防腐蚀设计年限吗？

5.2 钢结构

5.2.1 钢结构的一般概念

钢结构是由钢制材料组成的结构，是主要的建筑结构类型之一。结构主要由型钢和钢板等制成的梁钢、钢柱、钢桁架等构件组成，并采用硅烷化、纯锰磷化、水洗烘干、镀锌等除锈防锈工艺。各构件或部件之间通常采用焊缝、螺栓或铆钉连接。因其自重较轻，且施工简便，广泛应用于大型厂房、场馆、超高层等领域。

5.2.2 钢结构的特点

钢结构与其他结构相比，在使用功能、设计、施工以及综合经济方面都具有优势，在建筑中应用钢结构的优势主要体现在以下几个方面：

（1）钢结构建筑比传统建筑能更好地满足建筑上大开间灵活分隔的要求，并可通过减少柱的截面面积和使用轻质墙板，提高面积使用率，户内有效使用面积提高约6%。

（2）节能效果好，墙体采用轻型节能标准化预制墙板代替黏土砖，保温性能好，节能50%，每户每平方米可节约取暖纳凉费用18元。

（3）将钢结构体系用于建筑可充分发挥钢结构的延性好、塑性变形能力强，具有优良的抗震抗风性能，大大提高了住宅的安全可靠性。尤其在遭遇地震、台风灾害的情况下，能够避免建筑物的倒塌性破坏。如1995年的日本阪神大地震中，1999年的我国台湾大地震中未倒塌的几乎全部为H型钢制作的钢结构建筑物。

（4）建筑总重轻，钢结构建筑体系自重轻，约为混凝土结构的一半，可以大大减少基础造价。

（5）施工速度快，工期比传统建筑体系至少缩短三分之一，因而可降低综合造价，综合造价降低5%。加快资金周转，大大提高投资效益。

（6）环保效果好。钢结构施工时大大减少了砂、石、灰的用量，所用的材料主要是绿色，可回收或降解的材料，在建筑物拆除时，大部分材料可以再生或降解，不会造成很多垃圾。

（7）具有较高的性能价格比。

（8）建筑风格灵活、丰实。大开间设计，户内空间可多方案分割，满足用户的不同需求。

（9）符合建筑产业化和可持续发展的要求。钢结构适宜工厂大批量生产，工业化程度高，并且能将节能、防水、隔热、门窗等先进成品集合于一体，成套应用，将设计、生产、施工一体化，提高住宅产业的水平。

（10）钢结构的密封性好。钢结构的气密性和水密性较好。

另一方面，钢结构也存在一些缺点：

（1）钢结构的耐热性好，但防火性能差。

钢材耐热而不耐高温。随着温度的升高，强度就降低。当周围存在着辐射热，温度在150度以上时，就应采取遮挡措施。如果一旦发生火灾，结构温度达到500度以上时，就可能全部瞬时崩溃。为了提高钢结构的耐火等级，通常都用混凝土或砖把它包裹起来。

（2）钢材易于锈蚀，应采取防护措施。

钢材在潮湿环境中，特别是处于有腐蚀介质的环境中容易锈蚀，必须刷涂料或镀锌，而且在使用期间还应定期维护。

综上所述，钢结构是适合创新的建筑结构体系。钢结构可随着人们审美观的不同，使用功能要求的不同，设计各种造型、尺度、空间的新型房型。生产厂家能高精度、高质量、高速度完成，使建筑物达到既美观又经济的效果。与此同时，适当的钢结构工程进行维护是非常必要的。

5.3　质量问题及损坏原因

钢结构如果长期暴露于空气或潮湿的环境中，其表面又没有采取有效的防护措施时，就要产生锈蚀现象。锈蚀对钢结构造成的损害是相当严重的，它不但能使钢结构的构件承载力迅速降低，还会造成应力集中现象的产生，使结构过早地破坏。除锈蚀病害外，还会出现焊缝、螺栓、铆钉等连接处出现裂缝、松动、断裂等，各杆件、腹板、连接板等构件出现局部变形过大，引起结构损伤现象，整个结构变形异常，超出正常的变形范围。

为了及时发现上述病害和异常现象，避免造成严重后果，物业管理人员必须定期对钢结构进行周密的检查。在掌握其发展变化情况的同时，应找出病害和异常现象形成的原因，必要时通过正确的理论分析，得出其对钢结构的强度、刚度、稳定性的影响程度，采取合理措施加以治理。

5.3.1　钢结构锈蚀病害的产生原因及危害

1. 钢结构锈蚀产生的原因

钢结构锈蚀的机理有化学锈蚀和电化学锈蚀两种。

（1）化学锈蚀

表面没有防护或防护方法不当的钢铁与大气中的氧气、碳酸气、硫酸气等腐蚀性气体相接触时，钢铁表面将发生化学腐蚀。由于钢铁的化学锈蚀的最终产物是氧化铁即铁锈，所以钢铁的化学锈蚀也叫生锈。它的特点是即使在干燥之地或常温状态下，化学锈蚀也会发生。例如在日常生活中使用的铁器，长时间地放置在干燥的环境中，其表面也会颜色发暗、光泽减退。这种现象就是钢铁表面发生化学锈蚀产生氧化膜的结果。如果钢铁不是处于浓度很高、腐蚀性很强的介质中，其表面的化学锈蚀发生速度很慢，所以钢结构的大多数锈蚀病害是电化学腐蚀或化学腐蚀和电化学锈蚀共同作用的结果。

（2）电化学锈蚀

形成钢铁的电化学锈蚀的主要机理是钢铁内部含有不同金属杂质，当它们与潮湿的空气或电解质溶液（如酸、碱溶液）接触时，就会在它们之间形成得失电子倾向不同的电极电位，从而在钢铁内部构成了无数个微电池，引起钢铁失去电子溶解为铁离子的电化学反应，产生钢铁锈蚀。钢铁杂质含量越高，在钢铁内部所形成的微电池数目就越多，钢铁锈蚀速度也就越快。一般来说，钢铁的锈蚀速度除了与杂质含量有关外，还与所处环境的湿度、温度及有害介质的浓度有关。温度越高、湿度越大、有害介质浓度越高，钢铁的锈蚀速度也就越快。此外，在钢铁表面不平处或有棱角的地方，由于电解质的作用，也会产生不同的电位差而形成微电池，发生电化学锈蚀。

通过上述对钢铁锈蚀机理的分析可以看出，只要钢铁表面不与氧气、水分、有害介质相接触，锈蚀就不易产生，这在理论上，为我们防止钢铁锈蚀指明了方向。

2. 钢结构锈蚀的危害性

锈蚀对钢结构的破坏不仅表现为构件有效截面的减薄上，还表现在构件表面产生"锈坑"上。前者使构件承载力的下降，导致钢结构整体承载力的下降，对薄壁型钢和轻型钢结构的破坏尤为严重；后者使钢结构产生"应力集中"现象，当钢结构在冲击荷载或交变荷载作用下，可能会突然发生脆性断裂发生时没有明显的变形征兆，人们事先不易察觉，所以引起的破坏也相当严重，甚至可能引起钢结构的整体坍塌并危及生产和人身安全。

锈蚀在经济上造成的损失是相当惊人的。国外曾对锈蚀损失作过多次调查，结果表明几个主要发达国家的锈蚀损失约占其国民经济总产值的4%，每年因锈蚀而损失的钢材量约占钢铁年产量的1/4。如果物业管理部门对所管理的钢结构工程能够做到定期检查，及时维修，就可在效地减慢钢结构发生锈蚀的速度，延长钢结构的使用年限，为国家节省大量的钢材和建设资金。

5.3.2　钢结构变形产生的原因

引起钢结构变形过大的主要因素：钢结构实际所承受动力荷载超出钢结构工程设计时所允许承受的最大荷载（俗称"过载"），长时间承受动力荷载的冲击，自然灾害的影响（如地震）或由于地基基础沉降不均匀，使用保养不当或由于机械损伤使钢结构工程中的构件断裂而退出工作，造成钢结构受力失衡而出现异常变形。

5.4 钢结构维修及日常管理

5.4.1 钢结构锈蚀的维修与日常养护

一般钢结构设计使用年限为50年，钢结构在使用过程中因超荷载使用而遭到破坏的几率很小，大多数钢结构损坏都是由锈蚀造成结构力学性能和物理性能降低产生的，《钢结构设计标准》中对使用超过25年的钢结构防腐有一定要求。所以要求钢结构外部的涂装保护应当满足钢结构的使用要求，一般情况下钢结构需3年进行一次维护保养（清理钢结构中尘埃、锈蚀及其他污物后再刷涂料）。油漆的品种、规格应与原有涂料相同，否则两种涂料达不到相容会带来更大的危害，用户要做到有计划地定期维护和保养。

1. 防止钢结构锈蚀

防止钢结构生锈的方法很多，通常采用以下几种：

（1）采用不易生锈的合金钢制作钢结构；

（2）化学氧化层防护法；

（3）采用金属镀层防护法；

（4）非金属的涂层保护法。

在后期的维护与保养过程中，非金属的涂层保护法尤为常用。在构件表面采用涂料、塑料保护起来，不使其和周围的腐蚀介质相接触，以此来达到防腐的目的。此法效果好，价格低廉，而且涂料品种多，供选择范围广，适用性强，不受构件形状和大小限制，能随着构件表面的任何形状成膜，附着牢固，温度变化时还能随着构件伸缩，使用方便，还可以给予构件以外观美丽的颜色（图5-1）。

图 5-1 涂装

2. 涂层日常养护与管理

对于维护人员来说，对钢结构的日常维护首先应该是对构件表面涂层的维护。对涂层维护的好坏，直接影响到钢结构的使用寿命。因此，要做好日常维护，应该从以下几点入手：

（1）必须保持钢结构表面的清洁和干燥，对钢结构容易积尘的地方（如钢柱脚、节点板处）应定期清理。

（2）定期检查钢结构保护涂层的完好状况，凡出现以下之一者应及时维护：

1）发现涂层表面失去光泽的面积达到90%；

2）涂层表面粗糙、风化、干裂的面积达到25%；

3）涂层发生漆膜凸起且构件有轻微锈蚀面积达到40%。

（3）受高温和高温影响的钢结构部位应加设防护板，保护涂层免受高温破坏。

（4）尽量避免构件与有侵蚀作用的物质接触，已接触的应及时清理。

3. 构件表面的除锈

对于使用一段时间以后的钢结构工程来说，其表面不可避免地存在着一些附着物，如铁锈、污垢、灰尘、旧漆膜等。在对钢结构表面进行涂刷前，如果不将这些附着物清除彻底，涂刷后虽然可暂时将它们遮盖起来，但由于它们起着隔离的作用，使得涂层与构件基体间的粘合力严重下降，漆膜会过早脱落，最终导致表面涂层抗锈蚀能力降低，发挥不出涂层应有的防护作用。因此，在对构件表面涂刷前，应对钢结构表面的附着物进行彻底的清理。

在钢结构维护工程的施工中，表面清理工作主要包括除旧漆膜。在除锈的程中，由于受施工条件的限制一般采用的方法主要有：

（1）人工除锈（图5-2）

图5-2 人工除锈

此种方法是利用刮刀、铲刀、手锤、钢丝刷等钢制工具，靠手工敲铲，以及用砂布、砂纸和砂轮进行手工打磨来去除污物，使构件表面基本达到无油污、无铁锈、无毛刺。此种方法由于方便易行，所需设备简单，劳动成本低，且不受施工现场条件尺寸的限制，是钢结构维护工程中经常采用的除锈方法。它的主要缺点是劳动条件差，工作效率低，除锈不彻底，质量不易保证。因此，采用此法除锈时，管理人员应重点强调质量要求。

（2）机械除锈

为了提高除锈质量和工作效率。改善施工人员的劳动条件，现在的钢结构除锈工作中已经大量采用风动或电动小型设备。利用设备的主要除锈方法有：

1）角向磨光机：这种小型风动设备主要用于清理平面地方，它根据需要可以使用砂纸、砂轮和钢丝刷。

图 5-3　机械除锈

2）针束除锈机：这种小型风动设备上一般装有30～40个针束，针束可随不同的工作曲面加以调节，主要适用于弯曲、狭窄、凹凸不平及夹缝处。

3）单头冷风枪：这种小型风动设备也叫敲锌，它是利用敲铲头的冲击力来清除铁锈，铲头直径一般在25～40mm，每分钟可冲击1000～6000次，适用于比较狭窄的地方。

（3）喷砂除锈

在可以停产进行施工维护的工程中，可以采用喷砂除锈。通过喷砂机将钢结构构件表面的铁锈清除干净，露出金属的本色。较好的喷砂机能够将喷出的石黄砂、铁砂或铁丸的细粉自动筛去，并防止粉尘飞扬，减小对操作者健康的影响。这种方法除锈彻底，效率也较高，在发达国家已普遍采用，是一种较先进的除锈方法。

（4）用酸洗膏除锈

市场上可购买到专用除锈的酸洗膏，使用方法是将酸洗膏涂在被处理的构件表面上，其厚度约为1～2mm，浸润适当时间后，剥开一小片酸洗膏检查除锈情况，若构件表面露出金属本色，则将酸洗膏剥去，用水冲洗干净，彻底清除残留的酸液。除一些特殊情况外，此种除锈方法目前已经很少采用。

4. 构件表面旧漆模的清理

对于构件表面旧漆模的清理可根据漆膜的不同情况采取不同措施。具体措施有：

（1）如旧漆膜坚固完整，构件表面附着良好，可用肥皂水或稀碱水将旧漆膜表面的杂质去除干净，用清水冲洗揩干，经打磨后就可涂刷上漆。

（2）如旧漆膜大部分构件附着良好，局部须清除时，除按以上方法清洗干净外，还应经过上腻子、打磨、补漆等工序，力求做到该处与旧漆膜平整一致，颜色相同。

（3）如旧漆膜大部分已经破损脱落，需将其全部彻底清除，清除方法有下列几种：

1）火喷法：即用喷灯火焰将漆膜烧化后，立即用铲刀刮去。此法一般用于小面积的旧漆膜清理。

2）碱水清洗法：用石灰和纯碱配成的稀溶液或5%～10%（质量分数）的氢氧化钠溶液，涂刷3～4遍。使旧漆膜起皱脱落，再用铲刀刮去，用清水洗净。

3）刷脱漆剂法：用市面出售的脱漆剂涂刷在旧漆膜上，约半小时后，旧漆膜膨胀起皱，用铲刀、钢丝刷将旧漆膜铲除干净，清除构件表面上的其他杂物。

4）涂脱漆膏法：用脱漆膏涂于旧漆膜表面，涂2～3层，约2～3 h，漆膜破坏，用铲刀铲除后用水冲洗干净。如果旧漆膜过厚，为缩短浸润时间，可先用刀将旧漆膜破开适当多的口后，再涂脱漆膏。

5.4.2　钢结构防火性能的检查及维修

建筑物的耐火能力取决于建筑构件耐火性能的好坏，在火灾发生时其承载能力应能延续一定时间，使人们能安全疏散、抢救物资和扑灭火灾。钢材的耐温性较差，其许多性能随温度升降而变化，当温度达到430～540℃之间时，钢材的屈服点、抗拉强度和弹性模量将急剧下降，失去承载能力，因此，必须用耐火材料对钢结构进行必要的维护。以前未采用防火涂料或防火漆处理的钢结构，应采取的防火措施为：所有外露钢构件刷防火涂料，具体要求是：钢梁耐火时间为1.5h，钢柱耐火时间为2.5h，使其符合建筑规范要求。

5.4.3　钢结构变形的检测及维修

钢结构生锈对构件破坏不仅表现为对构件有效截面的减薄上，还表现为构件表面产生的"锈坑"。前者使构件承载力下降，导致钢结构整体承载力的下降，对薄壁型钢和轻型钢结构尤为严重。后者使得钢结构产生"应力集中"现象，当钢结构在冲击荷载或交变荷载作用下，可能会突然发生脆性断裂。而发生这个现象时没有任何变形征兆，事先不容易察觉和预防。为此，对钢结构和主要构件进行应力、变形和裂纹监测非常重要。

钢结构在使用阶段如果产生过大的变形，则表明钢结构的承载能力或稳定性已经不能满足使用需要。此时，应引起业主的足够重视，迅速组织有关业内人士，分析产生变形原因。提出治理方案并马上实施，以防钢结构工程产生更大的破坏。

（1）检查方法

对于钢结构工程变形进行检查时，一般先目测钢结构工程的整体和构件是否有异常变形现象，如细长杆件弯曲变形过大，腹板、连接板出现扭曲变形等。对目测认为有异常变形的构件，再作进一步的检查。检查的主要内容和方法有：

1）对钢结构工程的梁和桁架进行目测检查时，当发现桁架下弦挠度过大，桁架平面出现扭曲，屋面局部不平整，室内吊顶、粉饰等装修出现开裂等情况，可认为梁和桁架有异常变形，需用细铁线在数值的支座两端或桁架弦杆两端拉紧，测出它们在垂直方向的变形数据（即挠度）和水平方向的变形数据，如果是粗略测量，一般只取梁中点和桁架弦杆中点处的变形数据；否则需沿长度方向取多点变形数据。必要时需绘结构的轴线变位图。

2）用线锤和经纬仪可以对钢结构的柱子进行变形检查。检查时需在两个垂直方向分别测定变形数据，确定出柱身的倾斜或挠曲变形程度，必要时也需根据测得的数据绘制柱身的轴线变位图。

3）对连接板，腹板等小型板式构件可采用直尺靠近方法进行比较测量。

4）对于以弯曲变形为主的细长杆件进行变形检查时，可采用细铁线在杆件的两头选点张拉，测出变形数据。

5）需要特殊说明的是：钢结构工程的整体变形数据是参照其设计的标准安装位置而确定的，为了保证测出钢结构工程在使用阶段的变形数据，必须了解钢结构工程在安装时的原始位置偏差。

对于检查所测得和各种变形数据，应整理记录，以备查用。对于变形量较大的钢结构，应在有关部位做出相应标记，为以后的维护创造方便条件。

（2）对钢结构工程变形的技术处理

1）一般情况下，当测得的钢结构变形数据超过下面规定的标准时，就可认为结构存在异常变形，需对钢结构工程进行必需的技术处理。

① 没有桥式吊车的房屋屋架，其最大挠度值不得超过 $L/200$（L 为梁的跨度）；有桥式吊车的房屋屋架，其垂直变形不得使下弦最低点侵入桥式吊车与屋架之间所需保留的最小净空，吊车梁的最大挠度值不得超过 $L/500$（L 为梁的跨度）。

② 屋面檩条的最大挠度不得超过 $L/150$（L 为檩条的自由长度）。否则会使屋面高低不平而发生漏雨现象。

③ 受压弦杆在自由长度内（即相邻两支点间）的最大挠度值不得超过 $L/1000$（L 为自由长度），且不大于10mm。

④ 受拉杆件在自由长度内的最大挠度值不得超过 $L/100$（L 为自由长度）。

⑤ 对于板式构件（如节点板），在1m范围内的挠度值不得超过1.5mm。

2）处理方法。根据具体情况，可对变形异常的结构进行矫正和加固等技术处理。为了保证安全，作技术处理时应在结构卸载或部分卸载（如去掉活荷载）的情况下进行。

① 对于变形不太大的杆件，可用扳钳或整直器进行矫正。

② 对于板式构件或有死弯变形的杆件，可用千斤顶来矫正，条件允许时可用氧乙炔火焰烤后矫正。

③ 如果钢结构工程出现整体变形（如柱子倾斜、屋架扭曲），除及时矫正变形外，还应根据变形成因采取合理的加固补强措施。

5.4.4 钢结构裂纹的检查方法和修复

钢结构工程的整体和构件在正常的工作状态下不应发生明显的变形，更不能出现裂纹或其他机械损伤，否则会变形过大而出现附加应力，或由于裂纹和其他机械损伤而削弱构件的承载能力，情况严重时可使构件破坏危及钢结构的整体安全。

1. 裂纹的检查方法

对钢结构裂纹的检查所采用的主要方法是观察法和敲击法。

（1）观察法。指用10倍左右放大镜观察构件的油漆表面，当发现在油漆表面有成直线状的锈痕，或油漆表面有细而直的开裂、周围漆膜隆起、里面有锈末等现象时，可初步断定此处有裂纹，并应将该处的漆膜铲除作进一步详查。

（2）敲击法。指用包有橡皮的木锤敲击构件和各个部位，如果发现声音不脆，传音不均、有突然中断等现象发生时，可断定构件有裂纹。

对于发现有裂纹迹象而不确定的地方，可采用X射线等物理探伤法作进一步的检查。没有此条件时可在此处滴油检查，从油迹扩散的形状上可判断出此处是否存在裂纹，当油迹成较对称的圆弧形扩散时，表明此处没有裂纹；油迹成一形扩散时，表明此处已经形成裂纹。

2. 裂纹修复的步骤

对于裂纹的修复可采用如下步骤进行：

（1）先在裂纹的两端各钻一个直径与钢板厚度相等的圆孔，并使裂纹的尖端落入孔中，这样的目的是防止裂纹继续扩展。

（2）对两钻孔之间的裂纹要进行焊接，焊接时可根据构件厚度将裂纹边缘用气割加工成不同型式的坡口，以保证焊接的质量。当厚度小于6mm 时，采用I形（即不开坡口）当厚度大于6mm 而小于14mm 时，采用V形坡口；当厚度大于14mm 时需要用X形坡口。

（3）将裂纹周围金属加热到200℃后，用E43型（钢板材质为低碳钢）或E55型（钢板材质为锰钢）焊条焊合裂纹。

（4）如果裂纹较大，对构件强度影响很大时，除焊合裂纹外，还应将金属盖板用高强度螺栓连接加固。

5.4.5 钢结构其他病害的定期检查与维护

1. 焊缝病害的检查及处理方法

对焊缝的检查，应着重注意焊缝在使用阶段是否产生裂纹，同时兼顾寻找焊缝设计与施工遗留下来的缺陷。

（1）焊缝病害常用的检查方法

1）外观检查。检查时先将焊缝上的杂物去除，用放大镜（5～20倍）观察焊缝的外观质量。除要求焊缝必须没有缺陷外，还要求焊缝具有良好的外观。良好的焊缝外观应具有细鳞形表面。无折皱间断和未焊满的陷槽，并与基本金属平缓连接。

2）钻孔检查。这是一种破坏性的焊缝检查方法。在重要构件的焊缝进行外观检查。为了进一步确认，可在有疑点之处再用钻孔方法进行检查，检查焊缝是否有气孔、夹渣、未焊透等病害，检查完毕后用与原焊缝相同的焊条补满孔眼。

3）硝酸酒精浸蚀法检查，此种方法一般用于检查不易观察到的裂纹。方法是将可疑处清理彻底，打光，用丙酮或苯洗净，滴上含量为8%左右的硝酸酒精溶液进行侵蚀，如果焊缝有裂纹即有褐钩显示。

超声波，X射线，r射线检查对于重要构件的主要焊缝，必须用超声波，X射线，r射线等检查方法来检查缝内部是否存在缺陷，必须时还应拍x、r两种射线的底片，以备分析和检查用。此种方法检查过的焊缝质量最可靠，建议在条件的房管部尽量采用此种方法。

4）特别注意事项，动力荷载和交变荷载及拉力可使有缺陷的焊缝迅速开裂，造成严重后果，所以对受动力荷载的钢结构工程，构件上拉力区域，应严加检查，以防出现遗漏。

（2）焊缝病害的处理方法

不论采用何种方法进行检查，如发现焊缝存在缺陷均应采取相应措施来处理。

对于焊缝开裂现象，应分析裂纹的性质，凡属于在使用阶段中产生的裂纹，都必须查明原因，进行综合治理，彻底消除病害。属于建造时遗留下来的裂纹可直接进行补焊处理。

对于属于焊缝设计上的缺陷，如焊缝尺寸或焊脚尺寸不足，应经准确的理论计算后，重新设计合理的尺寸。必要时可用与结构相同的施焊条件在试件上构筑焊缝，然后进行与钢结构工程受力相同的力学试验，来确认合理的焊缝及焊脚尺寸。对于焊缝有未焊透、夹渣、气孔等缺陷时，应重焊。对于焊缝有咬肉、弧坑时应补焊。对于焊瘤处应彻底铲除重焊。

2. 螺栓与铆钉连接的检查和维护

对于近期新建的钢结构工程来说，除焊缝连接处，大量使用的连接方法是螺栓连接。因为高强度螺栓连接方法目前技术已经很成熟，其操作方法较铆钉连接的操作方法具有简便、快捷、劳动强度低等优点，且维护更换也很方便。目前除了特殊场合外，铆钉连接有被高强螺栓取代的趋势。对于物业们来说，其管理与维护的钢结构工程不一定是新建的，所以物业们应同时学会对螺栓和铆钉连接的检查和维护。

（1）螺栓和铆钉连的检查

对于螺栓和铆钉连接的检查，应注意螺栓和铆钉在受和使用时有无剪断和松动现象，其重点检查的部位是受交变荷载和动力荷载作用处。在检查时，还要兼顾发现设计和施工遗留下来的缺陷。

检查螺栓和铆钉连接所用工具有：10倍左右的放大镜、0.3kg手锤、塞尺、扳手（或自功扳手）等。

1）对于螺栓的检查，一般采用目测、手锤敲击，扳手试扳等方法来进行。主要检查螺栓是否有松动，螺栓杆有无断裂。对于承受动力荷载的螺栓，应定期卸开螺母，用放大镜仔细检查螺栓杆上是否有微裂纹，必要情况下可采用X射线等物理探伤方法来检查，力求及时消除隐患。

2）对于有裂纹或已经断裂的螺栓，应查明破坏原因，作详细记录并及时更换。对于松动的螺母在检查时上紧。如果需拧紧的是高强度螺本，还应根据螺栓的类型（摩擦型或承压型）及强度等级的要求，用示功扳手将螺栓拧至规定的力矩。

3）对于铆钉的检查，可用一只手贴近钉头，另一只手锤自钉头侧面敲击，如果感到钉头有跳动，则说明铆钉有松动需更换处理，对有烂头、缺边或有裂纹的铆钉也需更换处理。更换时可采用高强度螺栓来代替，其螺栓直径必须按等强度原理换算决定，确保更换铆钉后不影响钢结构工程的承载能力。

在实际检查中，要正确地判断出铆钉是否松动或被剪断难度较大，不但要求检查人员应有一定的实践经验，还要求其具有高度的责任感。对于重要结构，一般要求最少换人复检一次，防止产生较大的疏漏。

（2）螺栓和铆钉连接的修复和处理

一般是在不卸载情况下进行的。为了避免引起其他螺栓和铆钉的超载，更换螺栓时应每个进行；更换铆钉时，如果一组受力铆钉的总数不超过10个时，应每个进行更换。如果超过10个，为了提高工作效率可同时更换铆钉的数目为一组铆钉总数的10%。所谓一组铆钉是指：

桁架组合构件节点之间的铆钉、受弯构件翼缘每米长度内的翼缘铆钉、在节点板上固定单根构件的铆钉以及在一块拼接盖板上，拼接缝一侧的铆钉。

如果钢结构工程上的螺栓和铆钉损害程度大，需更换的数量较多，为确保安全，修复时，应在卸载状态下进行。

避免造成严重后果，物业必须定期对钢结构进行周密的检查。在掌握其发展变化情况的同时，应找出病害和异常现象形成的原因，必要时通过正确的理论分析，得出其对钢结构的强度、刚度、稳定性的影响程度，采取合理措施加以治理。

✎ 知识梳理与总结

钢结构是重要的建筑结构形式，本章对该类建筑结构的质量问题及损坏原因进行了分析和总结，并分别对锈蚀病害、变形、裂纹以及焊缝和螺栓等连接方式的相关钢结构常见质量问题的产生原因和维修方法进行了全面详细的讲解。

☰ 练习与思考题

1. 常见的钢结构连接方式有哪些？
2. 钢结构焊缝缺陷有哪些？
3. 如何进行钢结构除锈？

4. 引起钢结构变形的因素有哪些？

5. 焊缝病害的处理方法是什么？

6. 螺栓出现裂纹的原因是什么？

屋面防水结构构造与维修 6

【学习目标】

了解常见的建筑防水部位及其防水构造；熟悉屋面防水工程维修方法及工作程序；掌握不同类型屋面防水的损坏原因以及日常养护措施。

6.1 职场案例

1. 案例分析

某小区顶楼业主顶棚有水印，之前已经维修过很多次了，下雨后潮湿范围扩大，物业管理人员上门检查业主的报修，如图6-1所示。

图6-1 屋面渗漏

（1）维修过程如下：马上查阅此户去年报修记录及维修方案。发现他们家房屋屋面自从交房后几乎每年都有过维修记录。再次去业主家跟业主讲解维修方案，经业主同意后。到现场查看，听以前在他们家维修过的同事讲原来的维修过程后，分析后发现原因。是由于原施工单位在浇筑屋面混凝土的时候不负责任，没有将楼板和梁侧面的模板取出来，模板腐烂后水就会渗进去（图6-2）。

图6-2 屋面渗漏维修

（2）维修措施如下：此次维修将屋面防水层及防水层以上部分全部敲掉，将楼板里面的烂模板全部清理出来后，做防水砂浆2遍，因担心会再次渗漏，做好防水砂浆后闭水试验4天，确认彻底不渗漏后，再在上面做SBS防水卷材，再恢复屋面保温层后恢复屋面面层。

2. 案例思考

（1）什么原因会引起屋面渗漏水？是不是都跟防水材料有关？

（2）屋面渗漏水物业维修主要的工作过程有哪些？

6.2 屋面防水构造

6.2.1 屋顶

屋顶是房屋的外围护结构，屋顶的其中一项重要功能就是防水。防水从两方面着手：一是迅速排出屋面雨水；二是防止雨水渗漏。防渗漏的原理和方法主要是在屋顶构造层次与屋顶细部构造两个方面。

1. 屋顶的类型

屋顶按排水坡度大小及建筑造型要求可分为平屋顶、坡屋顶和其他屋顶。

（1）平屋顶

大量民用建筑如采用与楼盖基本类同的屋顶结构就形成平屋顶。平屋顶由承重结构、功能层及屋面三部分构成，承重结构多为钢筋混凝土梁及板，功能层除防水功能由屋面解决外，其他层次则根据不同地区而设。如寒冷地区应加设保温层，炎热地区应加设隔热层。

平屋顶也有一定的排水坡度，其排水坡度小于5%，最常用的排水坡度为2%～3%（图6-3）。

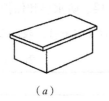 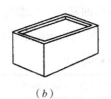 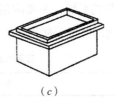

（a） （b） （c） （d）

图6-3 平屋顶的形式

（a）挑檐；（b）女儿墙；（c）挑檐女儿墙；（d）盝（盒）顶

（2）坡屋顶

坡屋顶是指屋面坡度较陡的屋顶，其坡度一般在10%以上。坡屋顶在我国有着悠久的历史，广泛运用于民居等建筑，即使是一些现代的建筑，在考虑到景观环境或建筑风格的要求时也常采用坡屋顶（图6-4）。

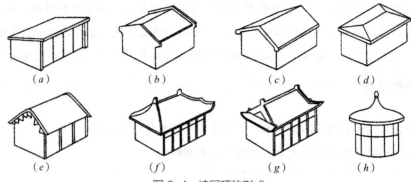

图 6-4　坡屋顶的形式

（a）单坡顶；（b）硬山两坡顶；（c）悬山两坡顶；（d）四坡顶；

（e）卷棚顶；（f）庑殿顶；（g）歇山顶；（h）圆攒尖顶

（3）其他形式的屋顶

随着建筑科学技术的发展，出现了许多新型结构的屋顶，如拱屋顶、折板屋顶、薄壳屋顶，悬索屋顶等。这些屋顶的结构形式独特，多用于较大跨度的公共建筑，使得建筑物的造型更加丰富多彩（图 6-5）。

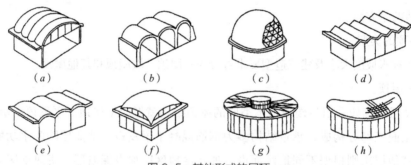

图 6-5　其他形式的屋顶

（a）双曲拱屋顶；（b）砖石拱屋顶；（c）球形网壳屋顶；（d）V形网壳屋顶；

（e）筒壳屋顶；（f）扁壳屋顶；（g）车轮形悬索屋顶；（h）鞍形悬索屋顶

2. 屋面的构造层次和防水等级

屋面工程是一个完整的系统，主要应包括屋面基层、保温与隔热层、防水层和保护层。具体设计时可根据建筑物的性质、使用功能、气候条件等因素进行组合（表 6-1、表 6-2）。

屋面的基本构造层次 表 6-1

屋面类型	基本构造层次（自上而下）
卷材、涂膜屋面	保护层、隔离层、防水层、找平层、保温层、找平层、找坡层、结构层
	保护层、保温层、防水层、找平层、找坡层、结构层
	种植隔热屋面、保护层、耐根穿刺防水层、防水层、找平层、保温层、找平层、找坡层、结构层
	架空隔热层、防水层、找平层、保温层、找平层、找坡层、结构层
	蓄水隔热层、隔离层、防水层、找平层、保温层、找平层、找坡层、结构层
瓦屋面	块瓦、挂瓦条、顺水条、持钉层、防水层或防水垫层、保温层、结构层
	沥青瓦、持钉层、防水层或防水垫层、保温层、结构层

续表

屋面类型	基本构造层次（自上而下）
金属板屋面	压型金属板、防水垫层、保温层、承托网、支承结构
	上层压型金属板、防水垫层、保温层、底层压型金属板、支承结构
	金属面绝热夹芯板、支承结构
玻璃采光顶	玻璃面板、金属框架、支承结构
	玻璃面板、点支承装置、支承结构

注：表中结构层包括混凝土基层和木基层；防水层包括卷材和涂膜防水层；防水层包括块体材料、水泥砂浆、细石混凝土保护层；有隔汽要求的屋面，应在保温层与结构层之间设隔汽层。

屋面防水等级和设防要求　　　　　　　　表6-2

防水等级	建筑类别	设防要求
Ⅰ级	重要建筑和高层建筑	两道防水设防
Ⅱ级	一般建筑	一道防水设防

3. 屋顶排水组织设计

屋顶排水组织设计的主要任务是将屋面划分成若干排水区，分别将雨水引向雨水管，做到排水线路简捷、雨水口负荷均匀、排水顺畅、避免屋顶积水而引起渗漏。一般按下列步骤进行，其中各项参数应符合现行国家标准《建筑给水排水设计规范（2009年版）》GB 50015—2003的有关规定：

（1）确定排水坡面的数目

一般情况下，临街建筑平屋顶屋面宽度小于12m时，可采用单坡排水；其宽度大于12m时，宜采用双坡排水。坡屋顶应结合建筑造型要求选择单坡、双坡或四坡排水。

（2）划分排水区

划分排水区的目的在于合理地布置水落管。排水区的面积是指屋面水平投影的面积，采用重力式排水时，每一根水落管的屋面最大汇水面积宜为150～200m²。雨水口的间距在18～24m（图6-6）。

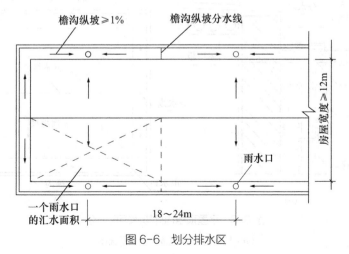

图6-6　划分排水区

（3）确定天沟所用材料和断面形式及尺寸

天沟即屋面上的排水沟，位于檐口部位时又称檐沟。天沟的功能是汇集和迅速排除屋面雨水，故其断面大小应恰当，应根据屋面汇水面积的雨水流量经计算确定，沟底沿长度方向应设纵向排水坡，简称天沟纵坡。天沟纵坡的坡度一般为0.5%～1%。天沟可用镀锌钢板或钢筋混凝土板等制成。金属天沟的耐久性较差，因而无论在平屋顶还是坡屋顶中大多采用钢筋混凝土天沟。

一般建筑的天沟净宽不应小于200mm，天沟上口至分水线的距离不应小于120mm；钢筋混凝土天沟净宽不应小于300mm，分水线处最小深度不应小于100mm，沟内纵向坡度不应小于1%，沟底水落差不得超过200mm，天沟排水不得流经变形缝和防火墙。

天沟根据屋顶类型的不同有多种做法。如坡屋顶中可用钢筋混凝土、镀锌铁皮、石棉水泥等材料做成槽形或三角形天沟。平屋顶的天沟一般用钢筋混凝土制作，当采用女儿墙外排水方案时，可利用倾斜的屋面与垂直的墙面构成三角形天沟（图6-7）；当采用檐沟外排水方案时，通常用专用的槽形板做成矩形天沟（图6-8）。

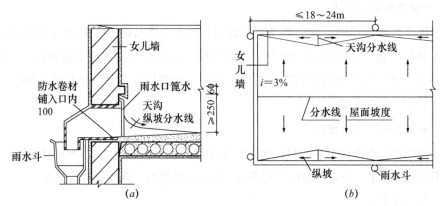

图6-7　平屋顶女儿墙外排水三角形天沟

（a）女儿墙断面图；（b）屋顶平面图

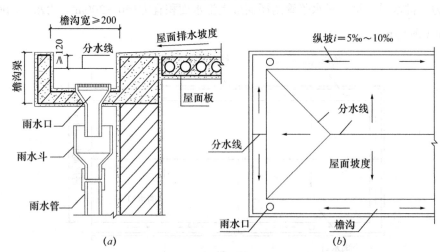

图6-8　平屋顶檐沟外排水矩形天沟

（a）挑檐沟断面；（b）屋顶平面图

6.2.2 卷材防水屋面

1. 卷材防水屋面的构造组成

卷材防水屋面是利用防水卷材与粘结剂结合，形成连续致密的构造层来防水的，有高聚物改性沥青类卷材防水屋面、高分子类卷材防水屋面。防水层具有一定的延伸性和适应变形的能力，又被称作柔性防水屋面。

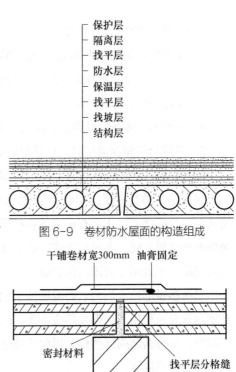

图 6-9　卷材防水屋面的构造组成

卷材防水屋面较能适应温度、振动、不均匀沉陷等因素的变化作用，整体性好，技术要求较高。卷材防水屋面适用防水等级为Ⅰ—Ⅱ级的屋面防水。

卷材防水屋面由多层材料叠合而成，其基本构造层次按构造要求由结构层、找坡层、找平层、保温层、隔热层、防水层、隔离层和保护层组成（图6-9）。

（1）结构层

通常为预制或现浇钢筋混凝土屋面板，要求具有足够的强度和刚度。屋面结构为装配式钢筋混

图 6-10　卷材防水屋面的分格缝

凝土板时，应采用细石混凝土灌封，其强度等级应不小于C20灌封的细石混凝土宜掺微膨胀剂。当屋面板板缝大于40mm或上窄下宽时，板缝应设置构造钢筋。

（2）找坡层

材料找坡应选用轻质材料形成所需的排水坡度，通常是在结构层上铺1:（6～8）的水泥焦渣或水泥膨胀蛭石等。

（3）找平层

卷材防水层要求铺贴在坚固而平整的基层上，以防止卷材凹陷或断裂，因此必须在结构层或找坡层上设置找平层。在施工中，铺设屋面板难以保证平整，所以在预制屋面板上也应设找平层。找平层一般采用20mm厚1：3水泥砂浆，也可采用1：8沥青砂浆等。找平层宜留分格缝，缝宽一般为5～20mm，纵横间距一般不大于6m（图6-10）。

（4）保温层

保温层是指可减少屋面热交换作用的构造层。保温层应根据屋面所需传热系数或热阻选择轻质、高效的保温材料（表6-3）。

保温层及其保温材料　　　　　　　　　　　表 6-3

保温层	保温材料
板状材料保温层	聚苯乙烯泡沫塑料、硬质聚氨酯泡沫塑料、膨胀珍珠岩制品、泡沫玻璃制品、加气混凝土砌块、泡沫混凝土砌块
纤维材料保温层	玻璃棉制品、岩棉、矿渣棉制品
整体材料保温层	喷涂硬泡聚氨酯、现浇泡沫混凝土

保温层设计应符合下列规定：

1）保温层宜选用吸水率低、密度和导热系数小，并有一定强度的保温材料；

2）保温层厚度应根据所在地区现行建筑节能设计标准，经计算确定；

3）保温层的含水率，应相当于该材料在当地自然风干状态下的平衡含水率；

4）屋面为停车场等高荷载情况时，应根据计算确定保温材料的强度；

5）纤维材料做保温层时，应采取防止压缩的措施；

6）屋面坡度较大时，保温层应采取防滑措施。

保温层上的找平层应留设分格缝，缝宽宜为5～20mm，纵横缝的间距不宜大于6m。封闭式保温层或保温层干燥有困难的卷材屋面，宜采取排汽构造措施。封闭式保温层是指完全被防水材料所封闭，不易蒸发或吸收水分的保温层。吸湿性保温材料如加气混凝土和膨胀珍珠岩制品，不宜用于封闭式保温层。

屋面热桥部位，当内表面温度低于室内空气的露点温度时，均应做保温处理。热桥是指在室内外温差作用下，形成热流密集，内表面温度较低的部位。其部位主要在屋顶与外墙的交接处，常称为结构性热桥。因此热桥部位应采取保温处理，使该部位内表面温度不低于室内空气的露点温度。

此外，注意在严寒及寒冷地区或其他地区室内湿气可能透过屋面结构进入保温层时，应设置隔汽层。隔汽层是阻止室内水蒸气渗透到保温层的构造层。隔汽层应设置在结构层上，保温层下。隔汽层应选用气密性、水密性好的材料沿周边墙面向上连续铺设，高处保温层上表面不得小于150mm。找平层设置的分格缝可兼做排汽道，排汽道的宽度宜为40mm；排汽道纵横间距宜为6m，屋面面积每36m²宜设一个排汽孔，排汽孔应做防水处理。

（5）隔热层

隔热层是能减少太阳辐射热向室内传递的构造层。屋面隔热层设计应根据地域、气候、屋面形状、建筑环境、使用功能等条件，采取种植、架空、反射和蓄水等隔热措施。

（6）防水层

防水层是指能够隔绝水而不使水向建筑物内部渗透的构造层。

1）防水等级和做法

卷材、涂膜屋面防水等级和防水做法应符合表6-4的规定。

卷材、涂膜屋面防水等级和防水做法　　　　　　表6-4

防水等级	防水做法	说　明
Ⅰ级	（1）两道卷材防水层 （2）卷材防水层和涂膜防水层 （3）复合防水层	做两道防水设防
Ⅱ级	（1）卷材防水层 （2）涂膜防水层、复合防水层	做一道防水设防

注：在Ⅰ级屋面防水做法中，防水层仅作单层卷材时，应符合有关单层防水卷材屋面技术的规定。
　　所谓一道防水设防是指具有单独防水能力的一道防水层。
　　下列情况不得作为屋面的一道防水层：①混凝土结构层；②Ⅰ型喷涂硬泡聚氨酯保温层；③装饰瓦及不搭接瓦；④隔汽层；⑤细石混凝土层；⑥卷材不符合规范规定的防水层。

2）防水卷材的选择

防水卷材的选择应符合下列规定：

① 防水卷材可按合成高分子防水卷材和高聚物改性沥青防水卷材使用，其外观质量和品种、规格应符合国家现行有关材料标准的规定；

② 应根据当地历年最高气温、最低气温、屋面坡度和使用条件等因素，选择耐热度、低温柔性相适应的卷材；

③ 应根据地基变形程度、结构形式、当地年温差、当地日温差和震动等因素，选择拉伸性能相适应的卷材；

④ 应根据屋面卷材的暴露程度，选择耐紫外线、耐老化、耐霉烂相适应的卷材。

3）每道卷材防水层最小厚度应符合表6-5的规定。

每道卷材防水层最小厚度   表6-5

防水等级	合成高分子防水卷材	高聚物改性沥青防水卷材		
		聚酯胎、玻纤胎、聚乙烯胎	自粘聚酯胎	自粘无胎
Ⅰ级	1.2	3.0	2.0	1.5
Ⅱ级	1.5	4.0	3.0	2.0

防水层的使用年限主要取决于：①防水材料的物理性能；②防水层的厚度；③环境因素和使用条件。其中防水层厚度是影响防水层使用年限的主要因素之一，因此必须严格按规定选择厚度，满足相应防水等级。

4）防水卷材接缝

防水卷材接缝应采用搭接缝，卷材搭接宽度符合表6-6的规定。

卷材搭接宽度（mm）   表6-6

卷材类别		搭接宽度
合成高分子防水卷材	胶黏剂	80
	胶黏带	50
	单缝焊	60，有效焊接宽度不小于25
	双缝焊	880，有效焊接宽度10×2＋空胶宽
高聚物改性沥青防水卷材	胶黏剂	100
	自粘	80

5）接缝密封防水设计：详见《屋面工程技术规范》GB 50345—2012第4.6条。

（7）隔离层

隔离层是指消除相邻两种材料之间的黏结力、机械咬合力、化学反应等不利影响的构造层。其作用就是找平、隔离。同时可防止保护层施工时对防水层的损坏。对不同的屋面保护层材料，所用隔离层材料有所不同，块体材料、水泥砂浆、细石混凝土保护层与卷材、涂膜防水层之间，应设置隔离层。隔离层材料的适应范围和技术要求宜符合表6-7的规定。

卷材搭接宽度（mm） 表6-7

隔离层材料	适用范围	技术要求
塑料膜	块体材料、水泥砂浆保护层	0.4mm厚聚乙烯膜或3mm厚发泡聚乙烯膜
土工布	块体材料、水泥砂浆保护层	200g/m²聚酯无纺布
卷材	块体材料、水泥砂浆保护层	石油沥青卷材一层
低强度等级砂浆	细石混凝土保护层	10mm厚黏土砂浆，石灰膏：砂：黏土＝1：2.4：3.6
		10mm厚石灰砂浆，石灰膏：砂＝1：4
		5mm厚掺有纤维的石灰砂浆

（8）保护层

保护层是指对防水层或保温层起防护作用的构造层。

1）选材

上人屋面保护层可采用块体、细石混凝土等材料；不上人屋面保护层可采用浅色涂料、铝箔、矿物颗粒、水泥砂浆等材料。保护层材料的适用范围和技术要求应符合表6-8的规定。

保护层材料的适用范围和技术要求 表6-8

保护层材料	适用范围	技术要求
浅色涂料	不上人屋面	丙烯酸系反射涂料
铝箔	不上人屋面	0.05mm厚铝箔反射膜
矿物颗粒	不上人屋面	不透明的矿物颗粒
水泥砂浆	不上人屋面	20mm厚1：2.5或M15水泥砂浆
块体材料	上人屋面	地砖或30mm厚C20细石混凝土预制块
细石混凝土	上人屋面	40mm厚C20细石混凝土或50mm厚C20细石混凝土内配φ4@100双向钢筋网片

2）分格缝

上人屋面保护层：

① 采用块体材料做保护层时，宜设分格缝，其纵横间距不宜大于10m，分格缝宽度宜为20mm，并采用密封材料嵌填。

② 采用水泥砂浆做保护层时，表面应抹平压光，并应设表面分格缝，分格面积宜为1m²。

③ 采用细石混凝土做保护层时，表面应抹平压光，并应设分格缝，其纵横间距不应大于6m，分格缝宽度宜为10～20mm，并应用密封材料嵌填（图6-11）。

不上人屋面保护层：

① 采用淡色涂料做保护层时，应于防水层黏结牢固，厚薄应均匀，不得漏涂。

② 块体材料、水泥砂浆、细石混凝土保护层与女儿墙或山墙之间，应预留宽度为30mm的缝隙，缝内宜填塞聚苯乙烯泡沫塑料，并应用密封材料嵌填。

③ 需经常维护的设施周围和屋面出入口至设施之间的人行道，应铺设块体材料或细石混凝土保护层（图6-12）。

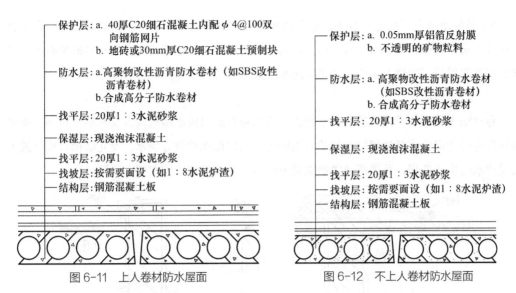

图 6-11 上人卷材防水屋面　　　　　图 6-12 不上人卷材防水屋面

2. 卷材防水屋面细部构造

仅仅做好大面积屋面部位的卷材防水各构造层，还不能完全确保屋顶不渗不漏。如果屋顶开设有孔洞，有管道出屋顶，屋顶边缘封闭不牢等，都有可能破坏卷材屋面的整体性，造成防水的薄弱环节，因而还应该通过正确地处理细部构造来完善屋顶的防水。屋顶细部是指屋面上的泛水、天沟、雨水口、檐口、变形缝等部位。

（1）泛水构造

泛水指屋顶上沿所有垂直面所设的防水构造，突出于屋面之上的女儿墙、烟囱、楼梯间、变形缝、检修孔、立管等的壁面与屋顶的交接处是最容易漏水的地方。必须将屋面防水层延伸到这些垂直面上，形成立铺的防水层，称为泛水。其做法如下（图 6-13）：

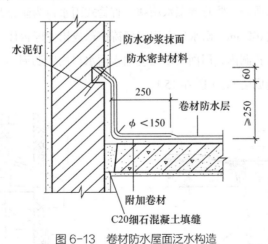

图 6-13 卷材防水屋面泛水构造

1）将屋面的卷材防水层继续铺至垂直面上，形成卷材防水，其上再加铺一层附加卷材，泛水高度不小于250mm；

2）屋面与垂直面交接处应将卷材下的砂浆找平层抹成直径不小于150mm的圆弧形或45°斜面，上刷卷材粘合剂，使卷材铺贴牢实，以免卷材架空或折断；

3）做好泛水上口的卷材收头固定，防止卷材在垂直墙面上下滑。一般做法是：在垂直墙中凿出通常凹槽，将卷材的收头压入槽内，用防水压条钉压后再用密封材料嵌填封严，外抹水泥砂浆保护。凹槽上部的墙体则用防水砂浆抹面。

（2）檐口构造

卷材防水屋面的檐口构造有无组织排水挑檐和有组织排水挑檐沟及女儿墙檐口等，挑檐和挑檐沟构造都应注意处理好卷材的收头固定、檐口饰面并做好滴水。女儿墙檐口构造的关键是泛水的构造处理，其顶部通常做混凝土压顶，并设有坡度坡向屋面（图6-14）。

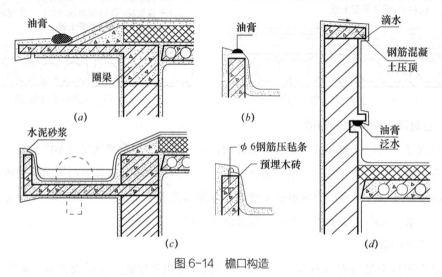

图6-14　檐口构造

（3）雨水口构造

雨水口的类型有用于檐沟排水的直管式雨水口和女儿墙外排水的弯管式雨水口两种。雨水口在构造上要求排水通畅、防止渗漏水堵塞。直管式雨水口为防止其周边漏水，应加铺一层卷材并贴入连接管内100mm，雨水口上用定型铸铁罩或铅丝球盖住，用油膏嵌缝。弯管式雨水口穿过女儿墙预留孔洞内，屋面防水层应铺入雨水口内壁四周不小于100mm，并安装铸铁箅子以防杂物流入造成堵塞。（图6-15）

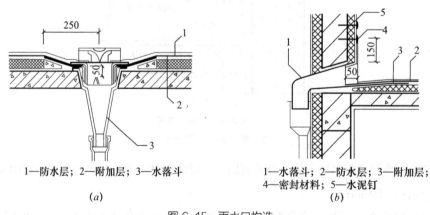

1—防水层；2—附加层；3—水落斗；
（a）

1—水落斗；2—防水层；3—附加层；
4—密封材料；5—水泥钉
（b）

图6-15　雨水口构造
（a）直管式雨水口；（b）弯管式雨水口

（4）屋面变形缝构造

屋面变形缝的构造处理原则：既不能影响屋面的变形，又要防止雨水从变形缝渗入室内。屋面变形缝按建筑设计可设于同层等高屋面上，也可设在高低屋面的交接处（图6-16）。

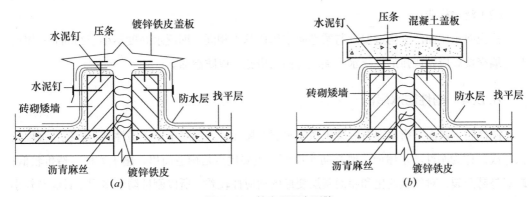

图6-16 等高屋面变形缝

（a）横向变形缝泛水之一；（b）横向变形缝泛水之二

等高屋面变形缝的做法是：在缝两边的屋面板上砌筑矮墙，以挡住屋面雨水。矮墙的高度不小于250mm，半砖墙厚。屋面卷材防水层与矮墙面的连接处理类同于泛水构造，缝内嵌填沥青麻丝。矮墙顶部可用镀锌铁皮盖缝，也可铺一层卷材后用混凝土盖板压顶。

高低屋面变形缝则是在低侧屋面上砌筑矮墙。当变形缝宽度较小时，可用镀锌铁皮盖缝并固定在高墙上，做法同泛水构造；也可以从高侧墙上悬挑钢筋混凝土板盖缝。

6.2.3 涂膜防水屋面

涂膜防水屋面又称涂料防水屋面，是指用可塑性和粘结力较强的高分子防水涂料，直接涂刷在屋面基层上形成一层不透水的薄膜层以达到防水目的的一种屋面做法。防水涂料有塑料、橡胶和改性沥青三大类，常用的有塑料油膏、氯丁胶乳沥青涂料和焦油聚氨酯防水涂膜等。这些材料多数具有防水性好、粘结力强、延伸性大、耐腐蚀、不易老化、施工方便、容易维修等优点。近年来应用较为广泛。这种屋面通常适用于不设保温层的预制屋面板结构，如单层工业厂房的屋面。在有较大震动的建筑物或寒冷地区则不宜采用。

1. 涂膜防水屋面的构造层次和做法

涂膜防水屋面的构造层次与柔性防水屋面相同，由结构层、找坡层、找平层、结合层、防水层和保护层组成。

涂膜防水屋面的常见做法，结构层和找坡层材料做法与柔性防水屋面相同。找平层通常为25mm厚1：2.5水泥砂浆。为保证防水层与基层粘结牢固，结合层应选用与防水涂料相同的材料经稀释后满刷在找平层上。当屋面不上人时保护层的做法根据防水层材料的不同，可用蛭石或细砂撒面、银粉涂料涂刷等做法；当屋面为上人屋面时，保护层做法与柔性防水上人屋面做法相同。

2. 涂膜防水屋面细部构造

（1）分格缝构造

涂膜防水只能提高表面的防水能力，由于温度变形和结构变形会导致基层开裂而使得屋面渗漏，因此对屋面面积较大和结构变形敏感的部位，需设置分格缝。

（2）泛水构造

涂膜防水屋面泛水构造要点与柔性防水屋面基本相同，即泛水高度不小于250mm；屋面与立墙交接处应做成弧形；泛水上端应有挡雨措施，以防渗漏。

6.2.4　刚性防水屋面

刚性防水屋面是指用细石混凝土做防水层的屋面，因混凝土属于脆性材料，抗拉强度较低，故而称为刚性防水屋面。刚性防水屋面的主要优点是构造简单，施工方便，造价较低；缺点是易开裂，对气温变化和屋面基层变形的适应性较差，所以刚性防水多用于日温差较小的我国南方地区防水等级为Ⅰ级的屋面防水，也可用作防水等级为Ⅰ、Ⅱ级的屋面多道设防中的一道防水层。

1. 刚性防水屋面的构造层次及做法

刚性防水屋面一般由结构层、找平层、隔离层和防水层组成。刚性防水屋面应尽量采用结构找坡。

（1）结构层

刚性防水屋面的结构层要求具有足够的强度和刚度，一般应采用现浇或预制装配的钢筋混凝土屋面板，并在结构层现浇或铺板时形成屋面的排水坡度。

（2）找平层

为保证防水层厚薄均匀，通常应在结构层上用20mm厚1：3水泥砂浆找平。若采用现浇钢筋混凝土屋面板或设有纸筋灰等材料时，也可不设找平层。

（3）隔离层

隔离层位于防水层与结构层之间，其作用是减少结构变形对防水层的不利影响。

结构层在荷载作用下产生挠曲变形，在温度变化作用下产生胀缩变形。由于结构层较防水层厚，刚度相应也较大，当结构产生上述变形时容易将刚度较小的防水层拉裂。因此，宜在结构层与防水层间设一隔离层使二者脱开。隔离层可采用铺纸筋灰、低强度等级砂浆，或薄砂层上于铺一层油毡等做法。

当防水层中加有膨胀剂类材料时，其抗裂性有所改善，也可不做隔离层。

（4）防水层

常用配筋细石混凝土防水屋面的混凝土强度等级应不低于C20，其厚度宜不小于40mm，双向配置$\phi 4 \sim \phi 6.5$钢筋，间距为100～200mm的双向钢筋网片。为提高防水层的抗渗性能，可在细石混凝土内掺入适量外加剂（如膨胀剂、减水剂、防水剂等）以提高其密实性能。

2. 刚性防水屋面细部构造

与卷材防水屋面一样，刚性防水屋面也需处理好细部构造。刚性防水屋面的细部构造包括屋面防水层的分格缝、泛水、檐口、雨水口等部位的构造处理。

（1）屋面分格缝

屋面分格缝实质上是在屋面防水层上设置的变形缝。其目的在于：防止温度变形引起防水层开裂；防止结构变形将防水层拉坏。因此屋面分格缝的位置应设置在温度变形允许的范围以内和结构变形敏感的部位。一般情况下分格缝间距不宜大于6m。结构变形敏感的部位主要是指装配式屋面板的支承端、屋面转折处、现浇屋面板与预制屋面板的交接处、泛水与立墙交接处等部位（图6-17）。

图6-17　分格缝位置

分格缝的构造要点：

1）防水层内的钢筋在分格缝处应断开；

2）屋面板缝用浸过沥青的木丝板等密封材料嵌填，缝口用油膏等嵌填；

3）缝口表面用防水卷材铺贴盖缝，卷材的宽度为200～300mm。

（2）泛水构造

刚性防水屋面的泛水构造要点与卷材屋面基本相同。不同的地方是：刚性防水层与屋面突出物（女儿墙、烟囱等）间须留分格缝，另铺贴附加卷材盖缝形成泛水。

（3）檐口构造

刚性防水屋面檐口的形式一般有自由落水挑檐口、挑檐沟外排水檐口和女儿墙外排水檐口、坡檐口等。

1）自由落水挑檐口

根据挑檐挑出的长度，有直接利用混凝土防水层悬挑和在增设的现浇或预制钢筋混凝土挑檐板上做防水层等做法。无论采用哪种做法，都应注意做好滴水。

2）挑檐沟外排水檐口

檐沟构件一般采用现浇或预制的钢筋混凝土槽形天沟板，在沟底用低强度等级的混凝土或水泥炉渣等材料垫置成纵向排水坡度，铺好隔离层后再浇筑防水层，防水层应挑出屋面并做好滴水。

3）坡檐口

建筑设计中出于造型方面的考虑，常采用一种平顶坡檐即"平改坡"的处理形式，使较为呆板的平顶建筑具有某种传统的韵味，以丰富城市景观（图6-18）。

（4）雨水口构造

刚性防水屋面的雨水口有直管式和弯管式两种做法，直管式一般用于挑檐沟外排水的雨水口，弯管式用于女儿墙外排水的雨水口。

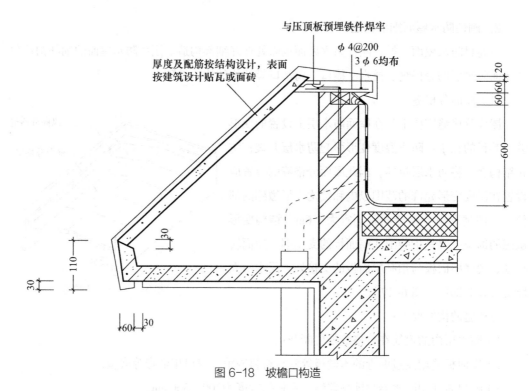

图 6-18　坡檐口构造

1）直管式雨水口

直管式雨水口为防止雨水从雨水口套管与沟底接缝处渗漏，应在雨水口周边加铺柔性防水层并铺至套管内壁，檐口处浇筑的混凝土防水层应覆盖于附加的柔性防水层之上，并于防水层与雨水口之间用油膏嵌实（图 6-19）。

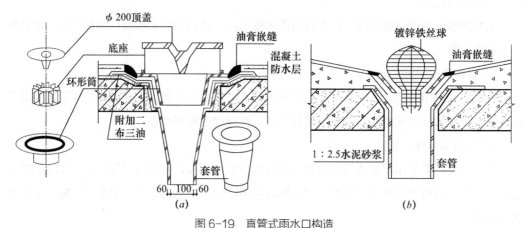

图 6-19　直管式雨水口构造

（a）65型雨水口；（b）铁丝罩铸铁雨水口

2）弯管式雨水口

弯管式雨水口一般用铸铁做成弯头。雨水口安装时，在雨水口处的屋面应加铺附加卷材与弯头搭接，其搭接长度不小于100mm，然后浇筑混凝土防水层，防水层与弯头交接处需用油膏嵌缝（图 6-20）。

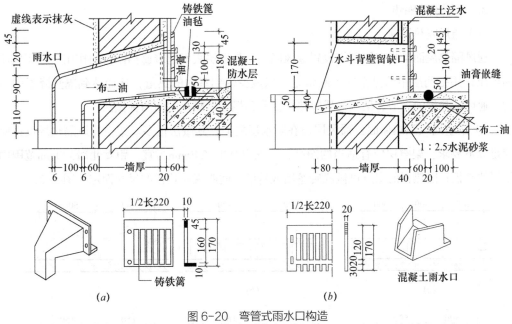

图 6-20 弯管式雨水口构造

（a）铸铁雨水口；（b）预制混凝土排水槽

6.2.5 平屋顶的保温与隔热

屋顶作为建筑物的外围护结构，设计时应根据当地气候条件和使用功能等方面的要求，处理好屋顶的保温和隔热的问题。

1. 平屋顶的保温

（1）保温材料类型

保温材料多为轻质多孔材料，一般可分为以下三种类型：

1）散料类：常用炉渣、矿渣、膨胀蛭石、膨胀珍珠岩等。

2）整体类：是指以散料作骨料，掺入一定量的胶结材料，现场浇筑而成。如水泥炉渣、水泥膨胀蛭石、水泥膨胀珍珠岩及沥青膨胀蛭石和沥青膨胀珍珠岩等。

3）板块类：是指利用骨料和胶结材料由工厂制作而成的板块状材料，如加气混凝土、泡沫混凝土、膨胀蛭石、膨胀珍珠岩、泡沫塑料等块材或板材等。

保温材料的选择应根据建筑物的使用性质、构造方案、材料来源、经济指标等因素综合考虑确定。

（2）保温层的设置

保温层通常设在结构层之上、防水层之下。保温卷材防水屋面与非保温卷材防水屋面的区别是增设了保温层，构造需要相应增加了找平层、结合层和隔汽层。设置隔汽层的目的是防止室内水蒸气渗入保温层，使保温层受潮而降低保温效果。隔汽层的一般做法是在20mm厚1:3水泥砂浆找平层上刷冷底子油两道作为结合层，结合层上做一布二油或两道热沥青隔汽层。

2. 平屋顶的隔热

（1）通风隔热屋面

通风隔热屋面是指在屋顶中设置通风间层，使上层表面起着遮挡阳光的作用，利用风压和热压作用把间层中的热空气不断带走，以减少传到室内的热量，从而达到隔热降温的目的。通风隔热屋面一般有架空通风隔热屋面和顶棚通风隔热屋面两种做法。

1）架空通风隔热屋面：通风层设在防水层之上，其做法很多。架空通风隔热层设计应满足以下要求：架空层应有适当的净高，一般以180～240mm为宜；距女儿墙500mm范围内不铺架空板；隔热板的支点可做成砖垄墙或砖墩，间距视隔热板的尺寸而定（图6-21）。

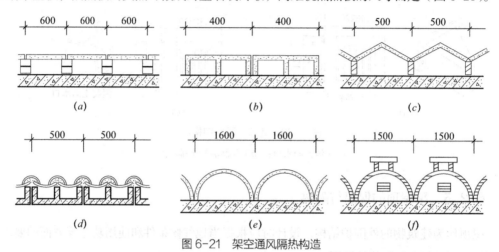

图6-21 架空通风隔热构造

（a）架空预制板（或大阶砖）；（b）架空混凝土山形板；（c）架空钢丝网水泥折板；
（d）倒槽板上铺小青瓦；（e）钢筋混凝土半圆拱；（f）1/4厚砖拱

2）顶棚通风隔热屋面：这种做法是利用顶棚与屋顶之间的空间作隔热层，顶棚通风隔热层设计应满足以下要求：顶棚通风层应有足够的净空高度，一般为500mm左右；需设置一定数量的通风孔，以利空气对流；通风孔应考虑防飘雨措施。

（2）蓄水隔热屋面

蓄水屋面是指在屋顶蓄积一层水，利用水蒸发时需要大量的汽化热，从而大量消耗晒到屋面的太阳辐射热，以减少屋顶吸收的热能，从而达到降温隔热的目的。蓄水屋面构造与屋面防水基本相同，主要区别是增加了一壁三孔，即蓄水分仓壁、溢水孔、泄水孔和过水孔。蓄水隔热屋面构造应注意以下几点：合适的蓄水深度，一般为150～200mm；根据屋面面积划分成若干蓄水区，每区的边长一般不大于10m；足够的泛水高度，至少高出水面100mm；合理设置溢水孔和泄水孔，并应与排水檐沟或水落管连通，以保证多雨季节不超过蓄水深度和检修屋面时能将蓄水排除；注意做好管道的防水处理。

（3）种植隔热屋面

种植屋面是在屋顶上种植植物，利用植被的蒸腾和光合作用，吸收太阳辐射热，从而达到降温隔热的目的（图6-22）。

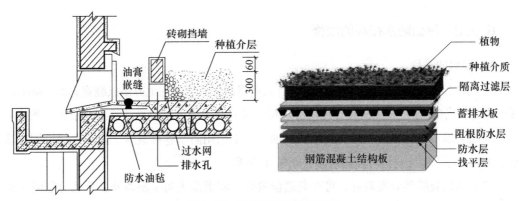

图 6-22 种植屋面构造示意图

6.3 屋面防水的管理与维修

6.3.1 屋面防水的质量问题

1. 屋面防水易产生渗漏的原因

（1）混凝土刚性屋面防水层较薄，可变性能力差，当基层变动时容易开裂。如屋面板在地基不均匀沉降、砌体不均匀压缩、荷载、温度、混凝土干缩及徐变等因素的影响下，产生变形及相对位移，引起防水层受拉及过大变形而产生裂缝。

（2）刚性防水层因干缩、温差而开裂。干缩开裂主要是由砂浆或混凝土水化后体积收缩引起，当其收缩变形受到基层约束时，防水层便产生干缩裂缝；温度裂缝是防水层受大气温度、太阳辐射、雨、雷及人工热源等的影响，加之变形缝未设置或设置不当，便会产生温差裂缝。

（3）混凝土配合比设计不当，施工时振捣不密实，收光压光不好以及早期干燥脱水，后期养护不当，都会产生施工裂缝。

（4）预制板屋面基层由于板件在支座边有反挠翘起，使该处防水层受拉开裂。

（5）嵌缝材料的粘结性、柔韧性和抗老化能力差，不能适应防水层变形而产生裂缝。

（6）由于不按施工规定的要求操作，导致分隔缝、（檐）天沟、泛水、变形缝和伸出屋面管道等防水细部构造不符合要求。

2. 屋面防水易渗漏的部位

（1）屋面板的拼缝上；

（2）屋面防水、分隔缝；

（3）屋面防水泛水部位渗漏；

（4）刚性防水层与天沟及伸出屋面管道交接处渗漏；

（5）女儿墙与屋面处渗漏；

（6）刚性防水面层龟裂、起鼓、起壳、雨水在基层较疏松处滴漏。

6.3.2 屋面防水损坏的维修

1. 裂缝的维修

（1）防水层表面若出现一般裂缝时，首先应将面板有裂缝的地方凿成缝宽为20～40mm、深度为宽度的0.5～0.7倍的缝槽。清除裂缝中嵌填材料及缝两侧表面的浮灰、杂物，然后再涂刷冷底子油一道，待干燥后再嵌填防水油膏，上面用防水卷材覆盖。防水卷材可用玻璃布、细麻布等，胶结材料可用防水涂料或稀释油膏。

（2）结构裂缝和温度裂缝，可在裂缝位置处，将混凝土防水层凿开，形成分隔缝（宽15～30mm，深20～30mm为宜），然后按分隔缝做法嵌填防水油膏、胶泥，防止渗漏。

（3）分隔缝中油膏如嵌填不实或已老化，应将旧油膏剔除干净，然后操作规程重新嵌填油膏。

2. 构造节点的维修

（1）屋面泛水渗漏的维修

在与女儿墙或其他突出屋面的墙体交接处，都要做泛水。泛水是屋面防水的薄弱地方之一。常见泛水做法有两种：一种是有翻口泛水，防水层向上翻口，钢筋伸转入翻口内，翻口深不宜小于120mm。一种是无翻口泛水。泛水的维修的方法：将泛水老化处油膏清除干净，重新用油膏嵌缝，再增铺涂抹防水层。修补方法如图6-23、图6-24所示。

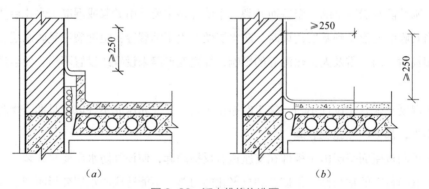

（a）　　　　　　　　　　　　　（b）

图6-23　泛水维修构造图

（a）有翻口泛水部位渗漏的维修；（b）无翻口泛水部位渗漏的维修

图6-24　屋面泛水渗漏的维修

（2）檐口（带天沟）渗漏的维修

防水层在檐口处沿外纵墙的内侧，在屋面板与外纵墙的接触处产生裂缝；或檐口防水层滴水破坏，雨水沿防水层边缘产生爬水渗漏。因滴水线难于修补，且防水层与天沟间的裂缝所处位置不便施工，可采用包檐法。修补方法：铲平板口，用二布三涂贴盖（图6-25），若檐沟沟口较深，也可贴至沟底阴角处。

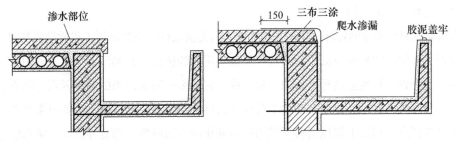

图6-25　刚性防水层与檐沟交接处渗漏的维修

3. 防水层起壳、起砂的维修

当防水层施工质量不好或有些防水油膏质量不高，或刚性屋面长期暴露于大气中，防水层容易产生起壳、起砂等现象。维修时，对于混凝土轻微起壳和起砂，一般可将表面凿毛，扫去浮灰灰质，然后加抹厚10mm左右的1：1.5～2水泥砂浆。有条件时，还可在防水层表面增加保护层。

6.3.3　屋面防水损坏的预防措施

屋面防水不得用于气候剧变地区，地基不均匀沉降较大地区。有高温热源及受振动影响较大的建筑物；易爆房间或仓库等，也不宜采用屋面防水。结构层应有足够的刚度和良好的整体性。结构层与防水层之间宜加做隔离层。即采用"脱离层"，以消除防水层与结构层之间的机械咬合和粘结作用，使防水层在收缩和温差的影响下，能自由伸缩，不产生约束变形，从而防止防水层被拉裂。最简易可行的隔离层做法，是在结构板面上抹一层1：3或1：4的石灰砂浆，厚约15～17mm，用抹了31mm厚的纸筋石灰。在适当位置设置适当的分格缝，如预制屋面板板端或现浇板的支座每道横缝处；屋面转折处和屋脊拼缝处，以及与突出屋的结构交接部位；预制板与现浇板相交处。排列方法不一致的预制板接缝处，类型不同的预制板拼缝处等。防水层若采用密实性细石防水混凝土，厚度不少于40mm，内配置ϕ6或ϕ4、间距为100～200mm的双向钢筋网片，钢筋宜放在混凝土防水层的中间或偏上。并应在分格缝处断开。夏季施工时应避开正午，冬季施工时则应避开冰冻时间，严禁雨天施工。南方炎热地区，应在屋面防水层上设置架空隔热板。在炎热地区，夏季屋面混凝土表面的曝晒高达60℃以上；暴雨前后，板面温差可达20℃以上。气温剧变，加上雨水冲刷，对混凝土表面的破坏性很大。因此，在我国南方地区，刚性防水层面上应设置架空隔热层，由隔热层承受雨水的直接冲刷，使防水层少受侵袭，延长使用寿命，同时起到隔热和防裂的双重作用。

6.4 卷材防水屋面的管理与维修

6.4.1 卷材防水屋面的质量问题

1. 卷材屋面产生渗漏的原因

（1）材料质量的原因

卷材防水材料质地的好坏是屋面是否会漏水的先决条件，也是确保工程质量的基础。卷材防水屋面主要使用的材料是沥青和油毡。目前使用的油毡是以石油沥青为主，利用纸毡渗透低标号石油沥青，再覆盖高标号石油沥青制成。它是影响防水效果的关键因素。沥青质量的优劣、油毡原纸成分的高低以及油毡本身存在的抗拉强度低、伸长率小、低温柔性差、抗老性能不良等弱点，再加上油毡对房屋结构应力变化的不适应性，都易导致油毡防水层渗漏。

（2）设计方面的原因

由于在设计中考虑不周，往往给屋面防水带来一些不利因素。主要表现在屋面整体刚度差，板受荷载时，板与板或板与墙之间易产生裂缝部分的防水作法考虑不周而造成渗漏；屋面坡度小或雨水口的排水间距过大，致使屋面排水不畅通，造成屋面积水，引起渗漏；房屋如墙、檐口的细部构造不当，雨水从两侧进入墙体直达油毡底部造成渗漏使油毡脱层；房屋地基沉降差和高低处毗连的沉降差引起油毡受剪破坏；房屋上弯折部位多，出屋面部件多，增加了油毡裁、折、贴的施工困难等。

（3）施工方面的原因

施工质量的好坏是决定屋面防水性能的关键因素。主要表现在屋面基层、保温层、找平层潮湿，油毡铺贴不久即产生起鼓，转角接头处油毡折角太大，卷材粘贴不平，形成空隙，在外力作用下引起渗漏；油毡铺贴时，长边搭接长度与短边搭接长度均未按规程要求操作，形成搭接尺寸不足；玛蹄酯配制和熬煮以及铺贴工艺不好，以致马蹄脂流淌，粘贴不严密；基地收缩开裂超过油毡最大延伸能力等。

（4）自然气候的原因

油毡表面黑，吸热大，很多地区夏季温度特别高，容易使油毡老化和玛蹄酯流淌；温度剧变引起房屋解耦股开裂，导致油毡裂断而发生渗漏。

（5）管理方面的原因

由于日常管理不善，长期以来屋面失修失养，维修不及时以及住户使用不合理等。主要表现在屋面有的雨水口常年不疏通，以致使树叶、泥土、杂物等堆积并堵塞雨水口，使屋面排水不畅，造成渗漏；屋顶上任意堆放杂物，安装电视天线或支设他物，使屋面保护层甚至防水层导致损坏；屋顶女儿墙及其他构筑物的外饰面翘壳开裂，未及时维修，日久使节点破坏，雨水沿裂缝渗入引起漏水，对已出现屋面裂缝、起鼓、流淌等弊病未及时维修，导致病害加重，渗漏也愈加严重。

油毡防水层屋面渗漏的原因是多方面的，只有各方面共同努力、有关方面密切配合，搞

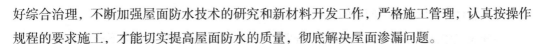

好综合治理，不断加强屋面防水技术的研究和新材料开发工作，严格施工管理，认真按操作规程的要求施工，才能切实提高屋面防水的质量，彻底解决屋面渗漏问题。

2. 卷材防水屋面渗漏的主要部位

（1）预制屋面板板端接缝处。

（2）屋面与纵横墙、山墙、女儿墙的连接处。

（3）伸出屋面的管道根部。

（4）屋面与檐口、雨水口构造处。

（5）屋面板与天沟交接处。

（6）变形缝等处。

6.4.2　卷材屋面的维修

1. 开裂的维修

（1）卷材屋面开裂现象

卷材防水屋面主要是由于防水层的开裂而引起的，由于屋面板受温度变化以及荷载、湿度、混凝土徐变的作用，产生膨胀，引起板端角变形和相对位移；卷材质量低劣、老化或低温冷脆，降低了防水层的韧性和延伸度；施工质量差，铺贴卷材时屋面潮湿，阳光照射受热后蒸汽难以排出，形成气泡破裂；卷材搭接太少，卷材收缩后接头开裂、翘起，卷材老化龟裂或外伤等均导致屋面的裂缝。卷材屋面的开裂一般有两种情况。一种是有规则裂缝位于屋面板支撑处，即沿屋面板端出现有规则的横向裂缝。另一种是无规则裂缝。当屋面无保温层时，且屋面为装配式结构，屋面上出现有规则横向裂缝，这种横向裂缝往往是通长和笔直的，位置正对着屋面板支座的上端；而整体式现浇结构的屋面则很少有这种现象。当屋面有保温层时，裂缝往往是断续的、弯曲的、位于屋面板支座两边，在偏离支座处10~50cm的范围内开裂。裂缝一般在房屋工程完工后1~4年内产生，并且在冬季时出现，开始时很细，以后逐渐加剧，一直发展到1~2mm，甚至1cm，个别的甚至达几厘米宽（包括开裂后油毡卷边）。这类裂缝如果不找到解决问题的根本原因，并采取相应的措施进行维修，铺上防水卷材后过1~2年又会重新在该处开裂。对于无规则裂缝其位置、形状、长度各不相同，出现的时间也无规律，一般贴补后不再开裂。对于基层未开裂的无规则裂缝（老化龟裂除外），一般在开裂处补贴卷材即可（图6-26）。

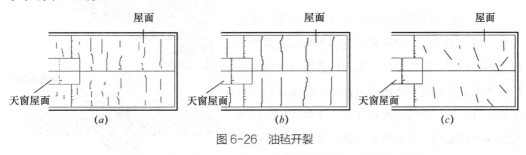

图6-26　油毡开裂

（a）偏离板支座弯曲开裂；（b）正对板支座笔直开裂；（c）无规则裂缝

（2）卷材防水屋面开裂问题的查找

维修裂缝渗漏前要认真调查研究，查明渗漏部位的原因，然后对症下药，确定维修方案。由于裂缝产生的原因较为复杂，修理裂缝的同时往往不能彻底消除裂缝，所以要求维修用的材料和采取的构造措施都应具有一定的伸缩性和适应性。

油毡屋面找漏比较困难，因为屋面的漏水点与破损点往往不在一处，有时在防水层裂缝下面的板底面上不一定有渗水漏雨迹象，而在防水层没有裂缝的地方，板底面反而出现了渗水漏雨现象。如果没有确定渗漏位置而盲目扩大维修范围，会造成修理面积比实际开裂渗漏面积扩大几倍，浪费材料和人力。因此，查找卷材屋面渗水漏雨的确切位置是一项十分重要的工作。一般下雨和下雪天是找漏的好时机。现在室内观察，做好漏水点的记录，再上屋面找原因。为避免一次检查不准确，宜建立维修档案，记录屋面渗漏和维修情况。找漏还要做到重点和一般相结合。重点部位如女儿墙、山墙、伸缩缝、天沟、雨水斗、高低跨封墙、出屋面管道等腰反复查找。在下雪天，当屋面积雪在100mm以下时，上屋面检查渗漏，若发现纵横条形水线或屋面水眼，这些水线或水眼时雪花下陷，有时在水线或水眼上积成一层很薄的冰片层（简称为水带或冰带）。这些水带或水眼往往是屋面渗漏之处。这是因为雪天室内气温高于室外气温，室内热气上升，经过屋面板板缝的开裂处及屋面漏水眼渗入雪层中，使该处雪花融化，形成水眼或水线，到夜间气温更低时，遇冷又会在面层结一层薄冰。挖开冰层观察，往往能发现防水层开裂破损处，做好记号，待晴天后即可修补。实践证明，这种方法找漏是比较准确的。

（3）卷材屋面开裂问题的维修

1）有规则开裂的维修：有规则横向裂缝在屋面完工后的几年内，正处以发生和发展阶段，只有逐年治理方能成效，常用的维修方法有：

①用干铺油毡作延伸层

该方法是在裂缝处干铺一层有毡条作延伸层，他利用干铺油毡层的较大延伸值而对基层变形起缓冲作用。

适用范围：有规则的横向裂缝。

施工机具：清扫工具（平铲、扫把、钢丝刷、高压吹风机）、涂刷工具（毛刷、滚刷、刮板、搅拌器）、定位工具（卷尺、钢尺、弹线盒）以及压实工具。

施工方法：

处理基层→涂刷基层处理剂→裂缝处理→铺贴卷材→施工防护层。铲除裂缝左右各350mm宽处的绿豆砂保护层，除去浮灰→刷冷底子油→在裂缝部位嵌满聚氯乙烯胶泥或防水油膏，胶泥或油膏高出屋面5～10mm→干铺防水卷材条，在两侧用玛蹄酯粘贴→上面实铺一层油毡条→最后做绿豆砂保护层（图6-27）。

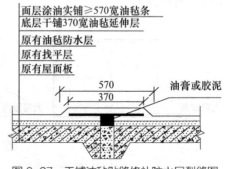

图6-27 干铺油毡贴缝修补防水层裂缝图

② 油膏或胶泥补缝法

修补裂缝所用的油膏或胶泥必须有较大的延伸率和较好的韧性，并且加热施工，以保证与原有防水层有牢固的粘结，适应基层的变动。

适用范围：有规则的横向裂缝。

施工机具：清扫工具（平铲、扫把、钢丝刷、高压吹风机）、涂刷工具（毛刷、滚刷、刮板、搅拌器）、定位工具（卷尺、钢尺、弹线盒）以及压实工具。

施工方法：

处理基层→涂刷基层处理剂→裂缝处理→铺贴卷材→施工防护层。

先割除裂缝两侧各30～50mm宽的油毡，并凿掉该处找平层（无保温层屋面应凿至灌缝细石混凝土处），并保证深20～30mm、宽20～40mm，然后将露出的找平层、板缝及两侧附近油毡上的浮粒灰土清扫干净→刷满冷底子油→再将胶泥灌入缝中，胶泥高出屋面5mm，并覆盖油毡两侧各20～30mm的宽度，压贴牢固即可（如果所使用油膏抗老化性能较差，可在油膏表面加贴一层玻璃丝布作为覆盖层）。胶泥或油膏嵌补卷材防水层裂缝图如图6-28所示。

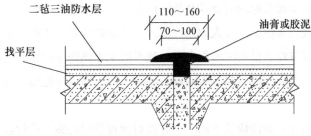

图6-28 胶泥或油膏嵌补卷材防水层裂缝图

2）无规则裂缝的维修

无规则裂缝一般是由于找平层收缩将卷材拉裂，或由于部分油毡粘结不牢而崩裂、由于油毡老化龟裂或由于外伤产生裂缝。

适用范围：无规则的横向裂缝。

施工机具：清扫工具（平铲、扫把、钢丝刷、高压吹风机）、涂刷工具（毛刷、滚刷、刮板、搅拌器）、定位工具（卷尺、钢尺、弹线盒）、压实工具以及喷灯。

施工方法：处理基层→涂刷基层处理剂→铺贴卷材→施工防护层。

在一个裂缝或裂缝区的四周铲除绿豆砂保护层，清除尘土垃圾→刷冷底子油→上面铺一毡二油或二毡三油或一布（玻璃丝布）二油或一胶（再生胶油毡）二油。

注意：铺贴时，将原面层沥青胶结材料用喷灯烤软化，加铺层的周边要压实，与原防水层面层粘贴牢固，不能有翘边。防水层修补完毕，再按原样做好保护层即可。新铺盖的油毡层与四周防水层分层搭盖宽50～100mm，搭盖时，应使新防水层的左、右、下三边分别搭盖在老防水层的第一、第二层的上面。

卷材老化的裂缝区修补示意图如图6-29所示。

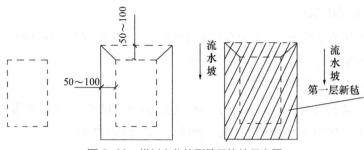

图 6-29　卷材老化的裂缝区修补示意图

2. 沥青卷材起鼓的维修

（1）屋面起鼓现象

油毡起鼓一般在施工后不久产生，尤其是在高温季节更为严重，有时上午施工下午就起鼓，或者隔一两天开始起鼓。起鼓一般由小到大，逐渐发展，大的直径可达200～300mm，小的直径为100mm以下。油毡起鼓发生在防水层与基层之间的，比发生在油毡各层之间的多；发生在油毡搭接处的，比发生在油毡幅面中的多。鼓包内的集层有冷凝水珠，有时呈深灰色。

（2）沥青卷材屋面起鼓原因的查找及预防措施

存在有潮湿空气或水滴，当受太阳照射或人工热能影响后，体积膨胀而造成起鼓。造成卷材与基层粘结不牢进而起鼓的因素很多，如找平层未干燥即涂刷冷底子油或抢铺油毡；屋面基层未清扫干净；沥青胶结材料未涂刷好，厚薄不匀；摊铺油毡用力太小；找平层受冻变酥等。

物业公司在早期介入阶段应从下面一个方面对沥青卷材的施工进行监督。起鼓的预防措施一般为以下方面：

找平层应平整、干净干燥，冷底子油涂刷均匀；避免在雨天、大雾、霜雪或大风等天气施工，防止基层受潮；防水层使用的原材料、半成品，必须防止受潮，若含水率较大时，应采取措施使其干燥后方可使用；防水层施工时，卷材表面应清扫干净，沥青胶结材料应涂刷均匀，卷材应铺平压实；当保温层或找平层干燥确有困难而又急于铺设防水层时，可在保温层或找平层中预留与大气连通的孔道后再铺设防水层；选用吸水率低的保温材料，以利于基层干燥，防止防水层起泡。

（3）油毡起鼓的维修

根据起鼓产生的原因和起鼓的不同情况，鼓包治理的方法一般有，排汽法、对角十字开刀法和割补法3种。修理起鼓时应着重消除鼓包内的气体和基层的水分，否则不能达到维修的预期目的。

1）排汽法

适用范围：当鼓包直径小于100mm时。

施工机具：刀、毛刷、定位工具：卷尺、钢尺、弹线盒、压实工具。

施工方法：

处理起鼓部分面层→切孔排汽→油毡复平→增设油毡层→施工防护层。将鼓包周围100mm范围内面层清理干净→用小刀将鼓包处割破并用手赶出洞口水汽→使油毡复平→再剪一块四周各大于空洞约100mm的油毡，贴在洞口处，应在上、左、右三个方向胶结，下方不涂沥青，以便鼓包内的水汽能不断排出→最后在鼓包的修补部位做砂粒保护层。

2）对角十字开刀法

适用范围：当鼓包直径在100～400mm时。

施工机具：平铲、刀、压实工具。

施工方法：

处理起鼓部分面层→切十字排汽→晾干、清除胶结材料→分片复平油毡→增设油毡层。将鼓包面周围绿豆砂铲去50～60mm宽→用小刀将鼓包处油毡沿对角十字剖开→并将剖开的油毡揭起进行排汽→晾干后清除原有胶结材料、将切割翻开部分的油毡重新分片按屋面流水方向粘贴→再剪一块四周各大于空洞约100mm的油毡，贴在上面把切割部分油毡的上片压贴（图6-30）。

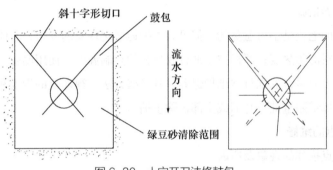

图6-30 十字开刀法修鼓包

3）割补法

适用范围：当鼓包直径大于400mm时。

施工机具：平铲、刀、压实工具。

施工方法：

处理起鼓部分面层→切割卷起排汽→晾干清除胶结材料→刷冷底子油→复平油毡→增设油毡层。将鼓包面周围约100mm范围内面层清理干净→用刀将鼓包周围约50mm范围切开三条边（使所留的一条边位于屋面排水坡度的上方）→并向上卷起，使鼓包内的水分充分干燥→在找平层上刷一道冷底子油→将原油毡复平→再增设一层油毡→上面铺绿豆砂保护层。

3. 卷材流淌的维修

由于沥青受到日光照射而软化，致使油毡防水层沿屋面坡度向下滑移而失去了应有的防水作用。流淌现象一般多出现在施工后最初一年的夏季，流淌后油毡出现折皱或在天沟处堆积成团。流淌严重时导致卷材垂直面卷材拉开脱空，卷材横向搭接处则有严重错位。在脱空和拉断处可能产生渗漏情况。

开淌损坏的原因主要是由于沥青胶结材料耐热度偏低、使用了未经处理的多蜡沥青；沥青胶结材料涂刷过厚；屋面坡度过陡，而采用平行屋脊铺贴卷材；采用垂直屋脊贴卷材，而在半坡进行短边搭接等。

卷材防水层严重流淌时可考虑拆除重铺；轻微流淌如不发生渗漏，一般可不予修缮，中等流淌可采用以下方法进行修缮：

（1）切割法。适用于屋面坡端和泛水处油毡因流淌而耸肩、脱空部位的修缮。

（2）局部铲除重铺法。适用于屋架坡端及天沟处已流淌而折皱成团的局部卷切的修缮。

（3）钉钉子法。用于陡坡屋面卷材防流淌，亦可适用于完工不久的卷材出现下滑趋势时防继续下滑的修缮。

4. 老化渗漏的损坏原因和防治

老化即沥青胶结材料质地变脆而折断，并逐步使卷材外露、变色、收缩、腐烂、出现裂缝，导致屋面渗水。

老化渗漏的原因主要有受气候变化的影响、防水屋材料的标号选用不当、不合要求；沥青胶结材料的耐热度过高，熬制、施工温度过高，熬制时间过长等；护面层的质量问题；缺少必要的维护保养措施。

卷材防水层的老化是不可避免的，但可设法推迟老化现象的发生，具体措施如下：正确选择沥青胶结材料的耐热度；严格控制沥青胶材料的熬制温度、使用温度及涂刷厚度；切实保证护面层的施工质量；加强日常维护保养。其修缮方法，视老化的程度和面积大小不同进行局部修补或局部铲除重铺；片面或全部铲除重铺。

5. 构造节点的维修

（1）构造节点损坏的现象及原因

卷材屋面由于构造节点处理不当而造成渗水漏雨的情况比较普遍，有时还很严重，这些部位施工复杂，稍有疏忽就不能保证质量。而且往往是雨雪积聚的地方较易损坏，有时屋面防水层完好，只因个别构造节点损坏，也会造成屋面严重漏雨。在维修中该部位常见的问题有：

1）突出屋面的构造上如：山墙、女儿墙、烟囱、天窗墙等处油毡收口处张开或脱落；

2）压顶板抹面风化、开裂和剥落；

3）泛水破坏、转角处油毡开裂，油毡老化或腐烂；

4）天沟纵向找坡太小，甚至有倒坡现象或者天沟堵塞，排水不畅，从而构成天沟的积水，雨水斗四周油毡过早老化与腐烂；

5）高低跨处积水超过泛水高度而漏水或高侧墙未做滴水线，雨水从油毡收口处渗入室内；

6）变形缝处防水不严密等。

（2）构造节点损坏的维修

1）山墙、女儿墙根部漏水

主要原因是封盖口处的砂浆开裂渗水，经过多次反复冻融，砂浆剥落；或压顶滴水损坏，雨水沿墙面渗入；日久压条腐烂，使油毡脱落张口，造成漏水。维修时按下述方法进行。

① 对于卷材张口、脱落部位的沥青胶进行清除，保持基层干燥，重新钉上防腐木条，

将旧油毡贴牢钉牢，再覆盖一层新油毡，收口处用油膏封严，如图6-31、图6-32所示。

② 凿除已风化开裂和剥落的压顶砂浆，重抹水泥砂浆并做好滴水线。也可应用∏形压顶板，不必坐浆，修理时便有取下，板下铺贴一层包到垂直面的油毡。

③ 割开转角处开裂的油毡，烘烤后分层剥离，清除沥青胶，改做成钝角或圆弧形转角。转角先干铺一层油毡，再将新旧油毡咬口搭接，铺满二毡三油。

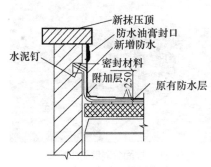

图6-31 女儿墙防水维修构造图

图6-32 女儿墙根部的漏水维修

2）伸出屋面的管道处渗漏

将管道周围的油毡、沥青清除干净，管道与找平层之间剔成200mm×200mm的凹槽并修正找平层，槽内用胶结剂或防水油膏嵌填严密、管道根四周干铺一层油毡覆盖，油毡贴在管道上的高度不小于250mm。管道上的防水层上口应用金属箍箍紧或缠麻封固，并用密封材料、油膏或胶结剂封严（图6-33）。

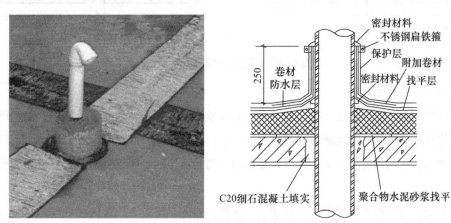

图6-33 伸出屋面管道的防水处理

3）变形缝、分隔缝处漏水

变形缝、分隔缝处的漏水主要表现在以下几个方面：房屋变形缝、变形缝长度方向未按规定找坡，甚至往中间反水；屋面变形缝没有做干铺卷材层，镀锌钢板凸棱安反或镀锌钢板向中间反水，造成缝漏水；镀锌钢板没有顺水流方向搭接；镀锌钢板安装不牢固，被风掀起；变形缝在屋檐部分没有断开，卷材直接铺平过去，变形缝发生变形时卷材被拉裂，造成漏雨（图6-34～图6-36）。主要防止措施如下：

① 严格按照设计要求及施工规范施工；

② 变形缝在屋檐部分应断开，卷材在断口处应有弯曲以适应变形弯曲需要；

③ 变形缝处镀锌钢板如高低不平，说明基层找坡有问题，此时可将镀锌钢板掀开，将基层修理平整，平铺卷材层，在安装镀锌钢板时，要注意顺水流方向搭接，并牢固钉好。

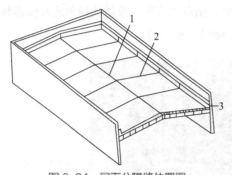

图 6-34　屋面分隔缝位置图

1—纵向分格缝；2—横向分格缝；3—泛水分格缝

图 6-35　屋面分隔缝防水检查

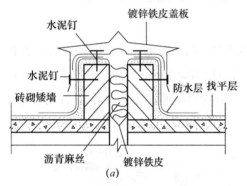

(a)

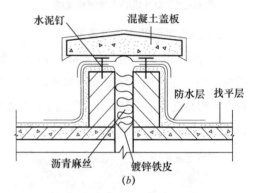

(b)

图 6-36　屋面变形缝构造节点图

4）檐口处漏水

檐口的漏水主要表现在一些几个方面：天窗及无组织排水屋面爬水、尿墙；由于玛蹄酯或油膏的耐热度偏低，而浇灌时又超过5mm以上，容易流淌，而且封口处容易裂缝张口，从而产生爬水、尿墙等渗漏现象；抹檐口砂浆时未将卷材压住，屋檐下口未按规定做滴水线或鹰嘴。

如出现渗漏可在檐口处附加一层油毡，将檐口包住，下口用镀锌铁皮钉住。也可以在找平层上钉一层镀锌铁皮盖檐，油毡铺至檐口。

檐口构造示意图如图6-37所示。

5）天沟处漏水

施工时没有拉线找坡，造成积水；水斗四周包贴补严实或油毡层数不够，管理不善等都会造成渗漏（图6-38）。常用到的维修方法如下：

① 凿除天沟找坡层，再拉线找坡，将转角处开裂的卷材割开，旧卷材烘干后，分层剥离沥青胶，重新铺贴卷材；

② 治理四周卷材裂缝严重的雨水斗时，应将该处的卷材剔除，检查短管是否紧贴板面

或集水盘，如短管等浮搁在找平层上，应将该处的找平层凿掉，清除后安排好短管，用搭接法重铺三毡四油防水层，并做好雨水斗附件卷材的收口与包贴。

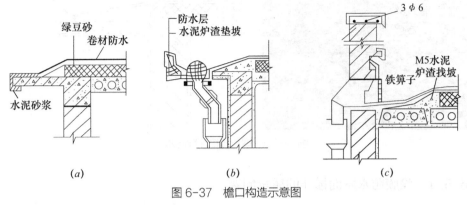

图 6-37 檐口构造示意图

（*a*）自由落水檐口构造；（*b*）外挑檐构造；（*c*）女儿墙内天沟构造

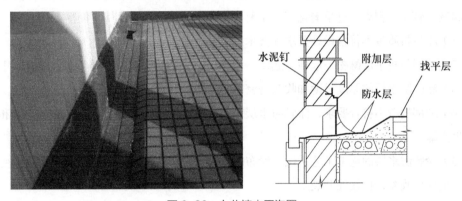

图 6-38 女儿墙内天沟图

6.5 涂膜防水屋面的管理与维修

涂膜防水屋面是在屋面承载构件上采用涂膜防水做成防水层的一种防水形式。该种屋面按防水层胎体分为单纯涂膜层和加胎体增强材料涂膜（如加玻璃丝布、化纤、聚酯纤维毡）做成一布二涂、三布二涂。由于屋面板易风化、碳化、质量要求高，这样就要求屋面板的涂膜应具有较好的耐久性、延伸率、粘结性、不透水性和较高的耐热度。涂膜按功能分为防水涂膜和保护涂膜两大类。防水涂膜主要有聚氨酯、氯丁橡胶、丙烯酸、硅橡胶、改性沥青等。

当涂膜防水层需铺设胎体材料时，屋面坡度小于15%时应平行屋脊铺设、屋面坡度大于15%时应垂直屋脊铺设。胎体长边搭接宽度不应小于50mm，短边搭接宽度应小于70mm。采用二层胎体增强材料时，上下层不得相互垂直铺设，搭接缝应错开，其间距不应小于幅宽的1/3（图6-39）。

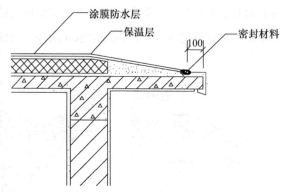

图 6-39　屋面檐口涂膜防水

6.5.1　涂膜防水屋面损坏的质量问题

涂膜屋面主要渗漏主要是涂膜与基层结合不牢、细部节点密闭性不严，涂膜防水层裂缝、起鼓、破损、剥离、过早老化等，主要产生原因为：

（1）原材料质量不符合设计要求和技术标准的有关规定；

（2）基层与找平层酥松、起砂、起皮、清理不净，导致涂膜防水层与基层结合不牢；

（3）涂膜防水层的厚度过薄和收头处密闭不严；

（4）细部构造不符合要求，涂膜防水层节点处理不合理，未做附加层，酿成开裂和翘曲而产生渗漏；

（5）涂膜防水层的施工工艺错误，涂布的搭接宽度小于规范规定。涂膜因受温度变化的影响产生变形收缩，搭接处开裂。

6.5.2　涂膜防水屋面的维修

1. 涂膜防水出现裂缝

涂膜防水裂缝主要分为有规则性裂缝和无规则性裂缝两种。

（1）有规则性裂缝多发生在屋面板的支承部位。造成原因主要是由于结构变形所致。加上温差变形及混凝土干缩而产生的。另外，施工时、板端缝未做处理，遇结构变形、无力适应，使防水层开裂。该种裂缝尤以预制屋面板结构更为严重。该种裂缝的防治：鉴于板端部位脆弱、一般采用增强附加层、并采用空铺或单侧点粘法予以加强是可以奏效的。无规则性裂缝造成原因，除因结构变形及在长期受力和温度作用热胀冷缩外，再有因找平层薄厚不均匀而引起的开裂。

有规则性裂缝的维修方法：可采用空铺卷材或利用嵌填密封材料方法可以解决。空铺卷材方法主要是利用空铺卷材的较大延伸值面对基层变形起缓冲作用、防止新防水层继续开裂。其做法是：首先清除裂缝部位的防水涂膜，裂缝剔凿扩宽后，清理裂缝处的浮灰杂物。干净后，可用密封材料嵌填，干燥后，缝上空铺或单侧粘贴宽度为200～300mm的隔离层。面层铺设带有胎体增强材料的涂膜防水层。其与原防水层的有效粘结宽度不小于100mm，涂料涂刷要均匀、不要有漏涂，新旧防水层的搭接要严密。

无规则性裂缝的维修方法：维修前，将裂缝部位面层上浮灰和杂物清除干净，再沿裂缝铺贴宽度不小于250mm卷材，或带有胎体增强材料的涂膜防水层，注意做到满沾、满涂贴实封严。

2. 涂膜防水起鼓

涂膜防水屋面起鼓现象也时有发生，多发生在本面或立面的泛水处。防水层起鼓虽不致立即发生渗漏，但存在着渗漏的隐患，往往随着时间的延长，使防水层过度拉伸疲劳而加速老化，使表层脱落，有时还伴有裂纹造成渗漏。起鼓的原因主要是施工操作不当，主要指涂膜加筋增强层与基层粘结不实，中间裹有空气。更多是由于找平层或保温层含水率过高而引起。对于立面部位防水层起鼓，其原因往往是与基层粘结不牢、出现空隙而造成。特别立面在背阴的位置，该部位的基层往往比大面干燥慢，含水率较高，当水分蒸发时，可使立面防水层起鼓，且鼓泡会越来越大。

起鼓的维修，对较小的鼓泡且数量不多时，可用注射器抽气。同时注入涂料的方法，把鼓起的防水层重新压贴，与基层粘结牢固，在鼓泡上铺设一层带有胎体增强材料的涂膜防水层，表面铺撒保护层材料。对较大的鼓泡，可用十字开刀方法，先把鼓泡部位的涂膜防水层剪开，将基层处理干净，泡内水分尽力清出、干燥后用防水涂料把原防水层重新粘贴牢固，再加涂新的涂膜防水层，表面铺撒保护层。

起鼓的防治，铺贴增强层时，宜采用刮挤手法，随挤压随将空气排出，使加筋层粘结更为严实。基层要做到干燥，其含水率不得超过"屋面工程技术规范"的规定要求。如果基层干燥有困难，可做排汽屋面，或选用可在潮湿基层上施工的防水涂料，如JS复合防水涂料。

3. 涂膜防水破损

防水层破损一般会立即造成渗漏，破损的原因很多，多数是由施工及管理因素造成。主要是：防水层施工时，由于基层清理不净，夹带砂粒或石子，造成防水层被硌破而损伤。防水层施工后，在上面进行其他工序或做保护层时，由于施工人员走动或搬运料具时，都有可能伤损防水层。另外，做块体保护层，在架空隔热层施工时，由于搬运材料或施工工具掉落，亦有可能伤损防水层。

发现涂膜防水层有破损，可立即修补。其修补方法，首先将破损部位及其周围防水层表面上的浮砂杂物清理干净。如基层有缺陷，可将老防水层掀开。先处理基层，然后用防水涂料把老防水层粘贴覆盖，再铺贴比破损面积周边各大出70~100mm玻璃纱布，上面涂布防水涂料，表面再做保护层。破损的防治：

（1）涂膜防水层施工前、应认真清扫找平层，表面不得留有砂粒、石渣等杂物。如遇有三级以上大风时，应停业施工，防止脚手架或建筑物上被风刮下的灰砂而影响涂膜防水层质量。

（2）在涂膜防水层上砌筑架空板砖礅时，须得涂膜防水层达到实干后再进行，砖墩下应加垫一方块卷材并均匀铺垫砂浆。

4. 涂膜防水剥离

涂膜防水剥离指的是涂膜防水层与基层之间粘结不牢形成剥离。一般情况下，并不影响防水功能，但如剥离面积较大或处于坡面或立面部位，则易降低功能，甚至引起渗漏。

剥离原因主要是涂膜防水层施工时、环境气温较低或找平层表面存有灰尘、潮气，都会造成防水层粘结不牢而剥离脱开。在屋面与突出屋面立墙的交接部位，由于材料收缩将防水层挂紧，在交接部位与基层脱离，或因铺涂膜增强材料时，为防止发生皱折而过分拉伸，或因施工时交角部位残留的灰尘清理不净，都会造成交接部位拉脱形成剥离。

剥离的维修可根据屋面出现剥离的面积大小，采用不同的维修方法。如屋面防水层大部分粘结牢固，只是在个别部位出现剥离，可采取局部维修方法。做法是将剥离的涂膜防水层掀开，处理好基层后再用防水涂料把掀开的涂膜防水层铺贴严实，最后在掀开部位的上面加做涂膜防水层，表面铺撒保护层即可。如剥离面积较大，采用维修已没有价值，可采用全部翻修重做。剥离的防治主要措施有：

（1）严格控制找平层的施工质量，确保找平层具有足够强度，达到坚实、平整、干净，符合设计要求。

（2）涂膜防水层施工前应对找平层清扫干净，达到技术要求。基层表面是否要求必须干燥，应根据选用防水涂料的品种要求决定，并切实做到。

5. 涂膜防水过早老化

由于防水涂料选择不当、质地低劣、技术性能不合格，甚至采用了假劣产品而引起涂膜防水层剥落、露胎、腐料、发脆直至完全丧失防水作用。另外，由于施工管理不严、现场配料不准，也会造成局部过早老化。

维修方法：如是小面积、个别部位老化，可将老化部位的涂膜防水层清除干净，修整或重做找平层，再做带胶体增强材料的涂膜防水层，其周边新旧防水层搭接宽度可不小于100mm，外露边缘应用防水涂料多遍涂刷封严。如是大面积过早老化，已失去防水功能，只能翻修重做。

6.6 瓦屋面的管理与维修

瓦屋面主要指青瓦屋面、筒瓦屋面、平瓦（黏土或水泥）屋面、坡形石棉水泥瓦屋面及铁皮屋面。瓦屋面往往存在屋面渗漏水，瓦片滑动、脱落，屋面盖材风化、腐蚀或锈蚀等损坏现象。

6.6.1 瓦屋面损坏的质量问题

（1）设计施工方面。如屋面坡度太小，屋面承重结构刚度不足、铺设不平，盖材本身缺陷，屋面排水沟、落水管的排水量不满足要求，屋面结构及盖材的安装铺设质量差等。

（2）自然损坏方面。屋面盖材长期受到风吹雨淋的侵蚀，瓦片、铁皮产生风化锈蚀，砂浆粉化开裂等。

（3）使用维护方面。在屋面任意架设天线、晒衣物，损坏了盖材防水层；寒区的屋面清雪时，损坏盖材防水层；未进行经常性维修保养，如未及时更换盖材，未经常清除屋面的树叶、杂草、泥砂等。

6.6.2　瓦屋面损坏的维修

由于瓦屋面的盖材不同，有其专门的维修方法。一般的维修方法主要采取：扩大、整形或更换排水管沟，使屋面排水畅通；加大屋面坡度、修复局部下沉陷处；局部修补、更换或全部拆除重做等。

6.6.3　瓦屋面损坏的预防措施

（1）严把设计施工质量关，防止屋面盖材防水层产生"先天不足"现象。

（2）防止人为损坏屋面，除检修人员外，不准其他人员随便上屋面活动、晒衣物、设天线等。

（3）及时维护保养，经常清扫屋面的树叶、泥砂等杂物，疏通排水沟、雨水口等，对屋面泛水、排水沟、雨水管等易产生渗漏的部位要定期检修维护。

6.7　屋面的日常管理与养护

屋面在使用期间应制定专人负责管理，定期检查。管理和维修人员应熟悉屋面防水专业的知识，并制定管理人员岗位责任制。特别注意的是防水维修因专业性和技术性都很强，必须有专业维修施工队伍进行维修。

主要有一些几个方面：

（1）对非上人屋面，应严格禁止非工作人员任意上屋面活动。上人检查口处及爬梯应设有标志，标明非工作人员禁止上屋面。屋面上不准堆放杂物或搭盖任何设施。

（2）屋面上架设各种设施或电线时，需经管理人员同意，做好记录，并且必须保证不影响屋面排水和防水层的完整。

（3）每年春季解冻后，应彻底清扫屋面，扫除屋面及落水管处的积灰、杂草、杂物等，使雨水管排水畅通。对于天沟处的积灰、杂草及杂物等也应及时清除。

（4）对屋面的检查一般每季度进行一次，并且在每年开春解冻后，雨季来临前，第一次大雨后，入冬结冻前等关键时期应对屋面防水状况进行全面检查。

不同类型的屋面物业公司因结构存在差异，在日常房屋管理工作过程检查侧重点也不同，因此作为物业管理人员应根据房屋的类型注意不同房屋的检查重点：

1. 油毡屋面的防水层

（1）是否有渗漏现象；

（2）绿豆砂保护层是否起层、脱落；

（3）防水层是否起鼓、裂缝、损伤、积水等现象，油毡是否有流淌、局部老化、腐烂等现象；

（4）油毡搭接部位是否有翘边、开口等粘结不牢现象；

（5）泛水及里面的卷材是否下滑，有无积水；

（6）卷材收口处的油膏、水泥砂浆、压条等是否松动、开裂、脱落；

（7）天沟、落水管处断面是否满足排水要求。

2．刚性屋面的防水层

（1）面层是否有裂缝、风化、碳化、起皮等现象；

（2）分割缝处的接缝油膏、盖缝条是否完好无损；

（3）在与女儿墙或其他突出屋面的墙体交接处的泛水及檐口等是否渗水；

（4）在露出屋面的管道、烟囱以及落水管弯头与防水层连接处是否渗水；

（5）刚性屋面的防水层。

3．涂膜防水层

（1）暴露式防水层应检查平面、立面、阴阳角及收头部位的涂膜是否有剥离、开裂、起鼓、老化及积水现象；

（2）有保护层的防水层应检查保护层是否开裂，分格缝嵌填材料是否有剥离、断裂现象；

（3）女儿墙压顶部位应检查压顶部位是否有开裂、脱落及缺损等现象；

（4）水落口及天沟、檐沟应检查该部位是否有破损、封堵、排水不畅等现象。

4．盖材屋面

（1）屋面坡度是否适合当地降雨量和技术规范要求；

（2）屋面瓦材是否有裂缝、砂眼、翘斜、破损等现象；

（3）脊瓦与脊瓦，或脊瓦与两面坡瓦之间搭接是否符合要求；

（4）基层结构或承重结构是否有缺陷，从而造成屋面局部下沉，凹处渗漏；

（5）屋面与突出屋面的墙体或烟囱连接处是否完善；

（6）泛水、压顶是否符合要求。

检查屋面时，应针对各屋面作好详细记录，将检查的情况分别进行记载并存档保管。当检查发现问题时，应立即分析原因，并采取积极有效的技术措施进行修理，以免继续发展而造成更大的渗漏。

6.8 屋面维修案例分享

屋面防水维修案例分享见二维码5。

二维码 5

知识梳理与总结

本文将从屋面防水类型及构造形式；渗漏原因进行分析，讲述不同材质屋面产生渗漏的原因，以及不同屋面防水损坏维修和保养。通过本章学习让学生结合具体屋面损坏维修工程案例，了解常见的建筑防水部位及其防水构造；熟悉屋面防水工程维修方法及工作程序。掌握不同类型屋面防水的损坏原因以及日常养护措施。

练习与思考题

1. 卷材防水屋面的构造层有哪些？各层有哪些做法？注意卷材防水层下的找平层为什么要设分格缝？上人和不上人的卷材屋面在构造层次上和做法上有什么不同？绘图说明。

2. 卷材屋面的泛水、天沟、檐口、雨水口等细部构造的要点是什么？掌握它们的典型构造图。

3. 为什么要设置隔汽层？卷材屋面为什么要考虑排汽措施？有哪些做法？

4. 卷材、涂膜防水屋面的防水等级如何划分？防水做法如何？

5. 油毡防水屋面常见弊病有哪些？如何预防与维修？

6. 涂膜防水材料常用的部位？查找常用的防水材料的名称以及性能？简述涂膜防水材料施工的方法。

7. 简述屋面防水渗漏的主要现象以及产生原因？如何预防与维修？

8. 简述屋面防水结构日常养护的工作要点。

其他防水结构
构造与维修

7

【学习目标】

了解墙面、有水房间、地下室的防水构造以及出现渗漏的原因；掌握墙面、有水房间、地下室等建造和装修期间控制防水施工质量的方法；了解地下室渗漏的原因以及常用的维修方法；了解不同部位防水工程质量控制的重点。

7.1 职场案例

1. 案例分析

一场大雨后，某小区业主报修主卧外墙渗水，导致墙纸、地板泡水，上门察看，是原渗漏部位出现严重渗漏，联系施工单位，对外墙做淋水检测，原渗漏部位马上出现渗漏。对外墙进行了凿除（天台天沟凿除），发现前期施工时的构造接点施工垃圾未清除到位，导致出现渗漏，如图7-1所示。

图7-1 外墙渗漏

（1）原因分析

经现场查看，是前期施工时的拉接点均未清除到位、施工节点不到位、施工单位偷工减料、维修不配合所致。

（2）维修措施

将整体外墙凿除（天台天沟凿除），按维修工艺标准进行处理，然后恢复至交付标准的效果。

（3）维修启示

前期房屋在施工过程中，注意细节，注意质量，严格施工节点把关，避免出现这种质量问题；后期维护过程中，注意现象的正确分析、判断，一次性维修成功。

2. 案例思考

（1）墙面渗漏水发现问题该如何处理？

（2）如何处理墙面渗漏水问题，如何和责任单位进行沟通协调？

7.2　墙面、有水房间、地下室防水

7.2.1　外墙防水节点构造

高层建筑外墙、有外保温层的外墙及使用新型墙体材料的外墙应按照《建筑外墙防水工程技术规程》JGJ/T 235—2011标准进行外墙整体防水设计和相应的节点构造防水设计。建筑外墙节点防水构造设计除包括外墙砌体自身抗裂构造措施（已在教材第3章讲述）及与其他结构交接部位抗裂构造措施外，还应包括门窗洞口、雨篷、阳台、空调板、外凸线条、变形缝、外墙管道洞口、女儿墙压顶、外墙预埋件（含保温材料锚固件）、预制构件等交接部位的防水设防。综上所述，即外墙最容易发生渗漏的地方是在各种构件的接缝处。

1. 节点构造防水

建筑外墙节点构造防水包括门窗洞口、雨篷、阳台、变形缝、伸出外墙管道、女儿墙压顶、外墙预埋件、预制构件等交接部位防水设防。节点防水主要采用节点密封和导水排水等措施，如图7-2所示。

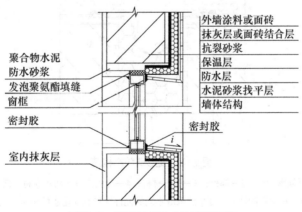

图7-2　外墙节点防水构造示意图

2. 导排水措施

（1）坡度排水

对有可能积水的平面均应做成向外或流向水落口的不少于1%的排水坡度，如雨篷面、窗台面、女儿墙顶面、阳台、空调机搁板等。

（2）阻水措施

下雨时，雨水在张力和风的作用下会沿顶面内延，如窗顶、雨篷底。为了阻止雨水内延，可以采取三种措施：①将外口边缘做成"老鹰嘴"，雨水顺尖嘴部位滴下；②在离外口20～50mm处设置一定宽度和深度的凹槽，阻止水内延；③在外口安装装饰性成品线条，雨水沿线条滴下。必要时可以选用两种措施同时使用。

3. 其他细部防水构造措施

（1）有外保温的墙体，限制采用湿贴法块材饰面。

（2）建筑物外侧有露台、雨篷、空调板等构造物平台时，其板面建筑标高宜低于室内楼地面结构标高，并应设置混凝土止水翻边且宜与构造物平台同时浇筑，混凝土止水翻边高度宜高于外构造物平台建筑标高200mm，墙根交接部位应粉成圆弧形泛水，上翻的防水层收头，应有可靠的固定密封措施。

（3）底层和顶层砌体应设置通长窗台梁，其他楼层也宜结合混凝土板带通长设置。

（4）每层外墙底部宜设置混凝土防水导墙，高度为200mm。

（5）不同墙体材料的交接处应采用每边不少于150mm的热镀锌电焊钢丝网或耐碱玻璃纤维网布作抗裂增强处理，东、西山墙应采用热镀锌电焊钢丝网，丝径不小于0.9mm。住宅工程东、西山墙顶层填充墙应满铺热镀锌电焊钢丝网作整体抗裂加强处理。

（6）变形缝应增设合成高分子防水卷材附加层，卷材两端应满粘于墙体，满粘的宽度不应小于150mm，并应钉压固定，卷材收头应用密封材料密封（图7-3）。

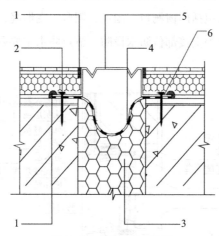

图 7-3　变形缝防水构造

1—硅酮耐候密封胶；2—锚栓；3—衬垫材料；4—合成高分子防水卷材（两端粘结）；
5—不锈钢板（根据不同性质的变形缝采用不同的允许变形且能防水的构造形式）；6—压条

（7）穿过外墙的管道应采用套管，套管应内高外低，坡度不应小于5%，套管周边应作防水密封处理（图7-4）。外墙设置预留孔洞时，应加设带护圈的套管，设置内高外低的坡度，坡度不小于5%，套管伸入墙内不少于100mm，护圈周边应打密封胶封闭。

（8）外墙预埋件四周应用密封材料封闭严密，密封材料与防水层应连续。

（9）砂浆防水层应设置分格缝，分格缝宜设置在墙体结构不同材料交接处，间距不应大于6m且每层设置，分格缝宽宜为8～10mm，缝内应采用硅铜耐候胶作密封处理。

（10）建筑外墙外保温系统的防水设计执行国家现行行业标准《外墙外保温工程技术规

程》JGJ 144的规定及外墙外保温质量通病治理专篇的规定。

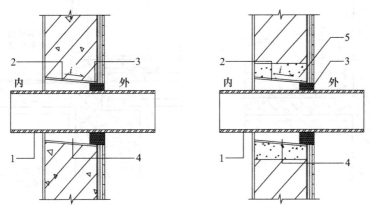

图7-4 伸出外墙管道防水构造

1—伸出外墙管道；2—套管；3—硅酮耐候胶；4—聚合物水泥防水砂浆；5—细石混凝土

7.2.2 有水房间的防水构造

有水房间是指建筑物内部有管道穿越楼板的地方、楼面容易积水的地方以及经常淋水的墙面等（图7-5）；例如卫生间、阳台、厨房。有水房间是建筑物中不可忽视的防水工程部位，这些部位往往施工面积小，穿墙管道多，设备多，阴阳转角复杂，若是处理不当，房间则长期处于潮湿受水状态等不利条件（图7-6、图7-7）。

考虑到其自身建筑结构与构造的复杂性，需选用高弹性的聚氨酯涂膜防水或选用弹塑性的氯丁胶乳沥青涂料防水等新材料和新工艺，可以使卫生间、阳台、厨房的地面和墙面形成一个没有接缝、封闭严密的整体防水层，从而提高其防水工程质量。下面以卫生间为例，介绍其防水做法。

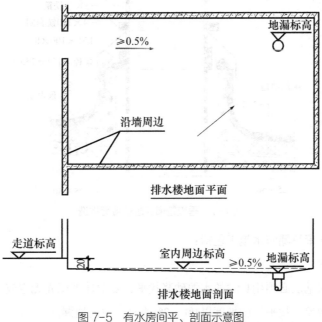

图7-5 有水房间平、剖面示意图

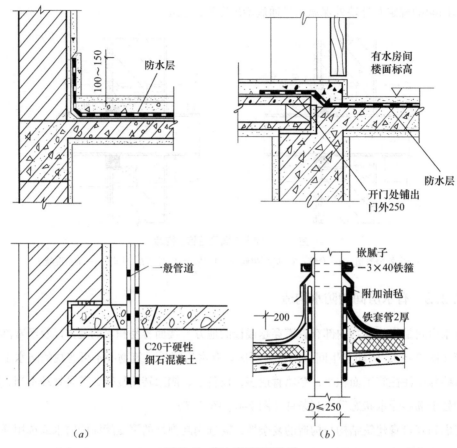

图7-6 有水房间地面构造

（a）防水层上翻；（b）防水层铺出门外

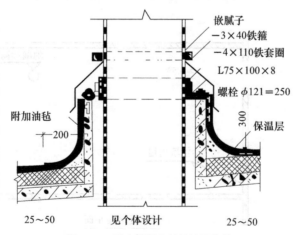

图7-7 垂直管道穿越处楼面构造

卫生间楼地面聚氨酯防水施工包括：

（1）基层处理

卫生间的防水基层必须用1：3的水泥砂浆找平，要求抹平压光无空鼓，表面要坚实，不应有起砂、掉灰现象。找平层的坡度以1%～2%为宜，坡向地漏。

（2）施工工艺

1）清理基层

需作防水处理的基层表面，必须彻底清扫干净。

2）涂布底胶

将聚氨酯甲、乙两组分和二甲苯按1∶1.5∶2的比例（重量比，以产品说明为准）配合搅拌均匀，再用小滚刷或油漆刷均匀涂布在基层表面上。涂刷量约0.15～0.2kg/m²。涂刷后应干燥固化4h以上，才能进行下道工序施工。

3）配制聚氨酯涂膜防水涂料

将聚氨酯甲、乙组份和二甲苯按1∶1.5∶0.3的比例配合，用电动搅拌器强力搅拌均匀备用。应随配随用，一般在2h内用完。

4）涂膜防水层施工

用小滚刷或油漆刷将已配好的防水涂料均匀涂布在底胶已干固的基层表面上。涂完第一度涂膜后，一般需固化5h以上，在基本不粘手时，再按上述方法涂布第二、三、四度涂膜，并使后一度与前一度的涂布方向相垂直。对管子根部、地漏周围以及墙转角部位，必须认真涂刷，涂刷厚度不小于2mm。在涂刷最后一度涂膜固化前及时稀撒少许干净的粒径为2～3mm的小豆石，使其与涂膜防水层粘结牢固，作为与水泥砂浆保护层粘结的过渡层。

5）作好保护层

当聚氨酯涂膜防水层完全固化和通过蓄水试验合格后，即可铺设一层厚度为15～25mm的水泥砂浆保护层，然后按设计要求铺设饰面层。

7.2.3 地下室防水构造

1. 地下室的组成和类型

建筑物首层下面的房间叫作地下室，它是利用地下空间，从而节约了建设用地。地下室按使用功能分，有普通地下室和人防地下室；按顶板标高，有半地下室（埋深为1/3～1/2倍的地下室净高）和全地下室（埋深为地下室净高的1/2以上）；按结构材料分，有砖混结构地下室和钢筋混凝土结构地下室。

地下室一般由墙身、底板、顶板、门窗、楼梯等部分组成。

（1）普通地下室：一般用作高层建筑的地下停车库、设备用房；根据用途及结构需要可做成一层或二、三层、多层地下室（图7-8、图7-9）。

（2）人防地下室：结合人防要求设置的地下空间，用以应付战时人员的隐蔽和疏散，并有具备保障人身安全的各项技术措施。

2. 地下室防潮，防水构造

（1）地下室防潮、防水的原则

根据地下室的防水等级，不同地基土和地下水位高低来确定地下室防潮、防水方案。

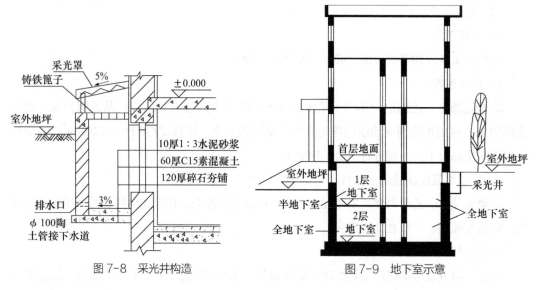

图 7-8　采光井构造　　　　　　　　图 7-9　地下室示意

（2）地下室防潮

当地下水的常年水位和最高水位均在地下室地坪标高以下时，地下水不会直接进入地下室，地下室外墙和底板只受到土壤层中潮气的影响，这时，一般只做防潮处理，在地下室外墙外面设垂直防潮层。其做法是在墙体外表面先抹一层20mm厚的1:2.5水泥砂浆找平层（高处散水300mm），再涂一道冷底子油和两道热沥青；然后在外侧回填低渗透性土壤（隔水层），如黏土、灰土等，并逐层夯实，土层宽度为500mm左右，以防地面雨水或其他地表水的影响。另外，地下室的所有墙体都应设两道水平防潮层，一道设在地下室地坪附近，另一道设在室外地坪以上150～200mm处，使整个地下室防潮层连成整体，以防地潮沿地下墙身或勒脚进入室内（图7-10）。

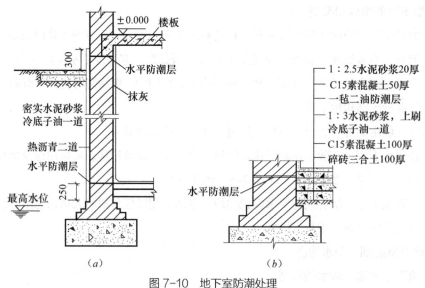

图 7-10　地下室防潮处理

（a）墙身防潮；（b）地坪防潮

（3）地下室防水构造

当设计最高水位高于地下室地坪时，地下室的外墙和底板都浸泡在水中，应考虑进行防水处理。常采用的防水措施有三种：

1）沥青卷材防水

① 外防水

外防水是将防水层贴在地下室外墙的外表面，这对防水有利，且防水效果好，但维修困难。外防水构造要点是：先在墙外侧抹20mm厚的1：3水泥砂浆找平层，并刷冷底子油一道，然后选定油毡层数，分层粘贴防水卷材，防水层高出最高地下水位500～1000mm为宜。油毡防水层以上的地下室侧墙应抹水泥砂浆涂两道热沥青，直至室外散水处。垂直防水层外侧砌半砖厚的保护墙一道（图7-11、图7-12）。

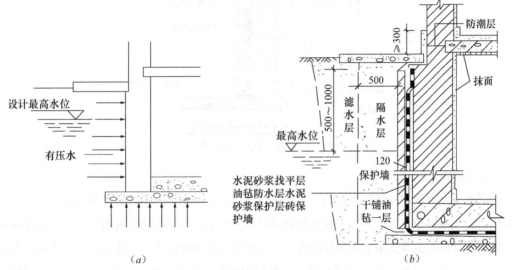

图7-11　地下室的外防水构造示意

（a）水压情况；（b）防水层构造

图7-12　地下室外墙外防水工程现场

② 内防水

内防水是将防水层贴在地下室外墙的内表面，这样施工方便，容易维修，但防水效果不太好，常用于修缮工程。

地下室地坪的防水构造是先浇混凝土垫层，厚约100mm；再以选定的油毡层数在地坪垫层上做防水层，并在防水层上抹20～30mm厚的水泥砂浆保护层，以便于上面浇筑钢筋混凝土。为了保证水平防水层包向垂直墙面，地坪防水层必须留出足够的长度以便与垂直防水层搭接，同时要做好转折处油毡的保护工作，以免因转折交接处的油毡断裂而影响地下室的防水（图7-13）。

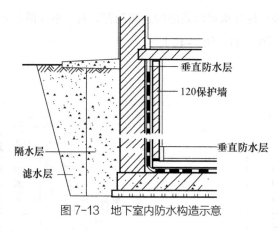

图7-13 地下室内防水构造示意

2）防水混凝土防水

当地下室地坪和墙体均为钢筋混凝土结构时，应采用抗渗性能好的防水混凝土材料，常采用的防水混凝土有普通混凝土和外加剂混凝土。普通混凝土主要是采用不同粒径的骨料进行级配，并提高混凝土中水泥砂浆的含量，使砂浆充满于骨料之间，从而堵塞因骨料间不密实而出现的渗水通路，以达到防水目的。外加剂混凝土是在混凝土中渗入加气剂或密实剂，以提高混凝土的抗渗性能（图7-14）。

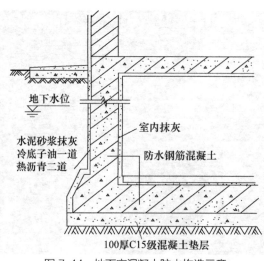

图7-14 地下室混凝土防水构造示意

3）弹性材料防水

随着新型高分子合成防水材料的不断涌现，地下室的防水构造也在更新，如我国目前使用的三元乙丙橡胶卷材，能充分适应防水基层的伸缩及开裂变形，拉伸强度高，拉断延伸率大，能承受一定的冲击荷载，是耐久性极好的弹性卷材；又如聚氨酯涂膜防水材料，有利于形成完整的防水涂层，对在建筑内有管道、转折和高差等特殊部位的防水处理极为有利。

7.3　墙体防水的管理与维修

7.3.1　墙体渗漏的质量问题

1. 砖砌墙体

（1）墙体砌筑裂缝

砌筑砂浆强度等级偏低，砂浆类别使用不当，如外墙选用石灰砂浆砌筑或配合比掌握不严的混合砂浆砌筑，使强度降低，砌体整体性差，易过早出现风化、酥松；砌墙施工过程中砂浆不密实、不饱满或砌筑方法的错误而产生的通缝、空缝、瞎缝引起裂缝；施工中粗制滥造，留有脚手架孔洞、穿墙管洞、嵌入墙体的落水、托钩支承处未封堵严实造成隐患。

（2）墙体装饰面层裂缝

砂浆粉刷分格条嵌入太深，破坏外粉底层的整体性或施工嵌取木条操作不当引起底层基层厚薄不均甚至脱离破坏而形成的隐蔽性破坏；

墙面勾缝处的砂浆强度不够，厚度不够，疏密不均；

未掌握不同外墙砖的材质、材性，如红砖、空心砖、粉煤灰砖、加快混凝土砖的含水率、施工要领、操作方法；

砂浆外粉刷施工工序掌握不当、基层处理过湿或过干、浇水不足或浇水过度均会引起面层脱落或干缩；

陶瓷锦砖、无釉面砖质地疏松，吸水率过大，砂浆不饱满，勾缝不严实，基层处理不干净，抹面厚度不够，养护差引起面砖开裂、爆皮、脱落。

（3）结构变形引起裂缝

地基不均匀沉降、横墙间距过大、砖墙转角应力集中处未加钢筋、门窗洞口过大、变形缝设置不当等原因使砌体墙身因强度、刚度、稳定性不足而产生的结构变形裂缝。

（4）温度变形引起裂缝

砌女儿墙、混凝土压顶、混凝土檐口、混凝土屋面板及顶层砌体墙身因材质线胀系数不一致，日照的时间、方位不等、经过寒冬酷暑温差的变化，产生不均匀的收缩和膨胀引起裂缝，多呈水平缝或八字缝。

（5）建筑细部、节点构造处渗漏

砖墙体、混凝土墙板的窗台处的排水坡、挡水台、滴水线细部构造破坏或根本未作分流雨水的构造处理（图 7-15）。

窗台与窗框连接处、门窗框至四周墙体连接处的缝隙未填实。钢筋混凝土、雨篷、腰箍与砌体墙身交接的根部。墙与梁、板交搁置处灰浆不饱满，梁头、板头处混凝土浇捣不紧实，预制空心楼板端未填堵头，雨水由空隙处渗透至墙身或顶部。

（6）墙基、勒脚处防潮材料自然老化，失效引起渗透返潮。

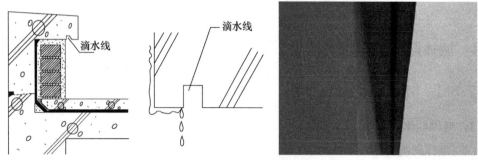

图 7-15　房屋滴水线构造图

2. 混凝土墙体

（1）预制混凝土墙板纵横墙板之间、连接处的节点构造防水不合理或构造防水破坏。如墙板接缝处的排水槽、滴水线挡水台酥松、破坏。

（2）墙板垂直、水平、十字缝处的空腔构造被堵塞，背衬材料破损，空腔失去了减压作用，无法切断板缝处毛细管的通道而引起渗漏。

（3）现浇墙板浇筑时强度不够，板面有蜂窝麻面、起酥，施工时留下的穿墙孔洞，脚手孔洞未予填实或填塞材料强度不够引起渗漏。

（4）预制钢筋混凝土上、下墙板，楼板与墙板装配时连接处的混凝土或座砌砂浆强度不够，铺设不紧实引起渗漏。

墙体漏水如图 7-16 所示。

（a）　　　　　　　　　　　　（b）

图 7-16　墙体漏水图片

（a）墙体渗水引起的内抹灰脱落；（b）外墙漏水

7.3.2　墙体渗漏的查勘及维修

1．查勘方法

（1）观察法：对现场进行查勘，发现渗漏部位，找出渗漏点和水源点，并对其部位进行反复观察，划出标记，做好记录，以利作出正确判断。该方法宜于在雨天进行。

（2）淋水检查法：该方法即在墙面进行加压冲水约1小时，发现漏痕。该方法必须是在初步查勘并已确定渗漏方位和范围的情况下采用，可较准确地确定漏点。特别是在屋面、墙面同时渗漏的情况下更宜于采用。

（3）资料分析判断法：对结构较为复杂的建筑物，仅依靠观察是不够的，必须查清原防水构造设计施工有无变更，实际与原始资料是否一致，特别是结构变形引起的渗漏更需要观察，与资料相互对应分析判断。

2．墙体维修及防水材料的要求

墙面上的防水修理呈垂直方向操作，比屋面水平方向更为复杂、困难。因此，在精心设计精心施工前提下，要求防水材料最好能与等级相对应。

（1）要求选择粘结强度高、延伸率大、下垂直低、耐久性好的冷施工密封材料。

（2）宜选择粘结性好、增水性强和耐久性好的合成高分子材料。

（3）宜选用聚合物水泥或掺加防水剂、硅质密实剂的水泥砂浆。

（4）防水材料的选择还应注意材料的材质、材性、色泽、外观，与原有房屋尽可能保持一致。不能因维修造成污染的痕迹。

3．墙体的漏水的维修方法

（1）修复原构造防水

构造防水的修复可分为两类。一类是属于线型构造防水，其功能是使水流分散，减小接缝处的雨水流量和压力。常见形式为滴水线、挡水台，常设部位在女儿墙压顶处、屋面檐口，腰线、窗台、上、下外墙板接缝处。如线型构造部分轻度或局部破坏，其他大面积完好无损，可采用高强水泥浆、防水胶泥等材料进行修补，恢复其排水功能。另一类属于空腔构造局部破坏时，采用恢复性修理效果较好。上述方法经济、耐久、适用于装配式大板建筑。

（2）用防水材料修复

这种方法适用范围更广泛，使用更方便，即在雨水渗入室内部位采用油溶型或水乳型防水材料嵌缝或涂刷的方法。这种做法可依不同现状采用防水材料外墙涂堵水法和防水材料外墙内涂堵水法，外墙漏水维修施工如图7-17所示。

墙外涂堵水法，即在外墙板的外侧采取防水措施，通过防水材料堵塞雨水浸入。其特点：操作方便、直观效果好。但在多层或高层建筑的墙身治漏中需要升降设备或搭设双排外脚手，辅助用工较多，增加成本。同时也受气温、季节影响，灵活性差。

图 7-17 外墙漏水维修施工

外墙内涂堵水法，要求查勘漏点准确，制定修理方案结合实际，针对性强，否则堵水效果就差。所谓外、内涂堵水法，仅指施工部位不同，而施工工序及防水构造层是相同的。而方法的运用应视原墙体防水构造、墙体渗漏严重程度以及所具备的机械、设备等条件进行选择。

4. 墙体渗漏的维修技术要求

（1）墙体水泥砂浆抹面技术要求

墙面基层表面应清理平整、坚实、无浮灰并充分湿润。水泥砂浆防水层的深度宜为15～22mm，施工时分层铺抹，水泥浆每层厚度宜为2mm，水泥砂浆每层厚度宜为5～10mm。第二层的铺设必须待基层砂浆初凝之后进行。抹铺时需压实收光。

（2）防水层砂浆的配合比基层1：2.5～1：3、面层1：2为宜。清理基层：扩缝或扩洞，将缝凿成V字形，表面刮平，两侧或四周接口处压实。

（3）涂料防水的技术要求

基面要求清洁、无浮浆、无水渍。涂料的配合比、制备和施工必须严格按各类涂料要求进行。涂粉料选择：使用油溶性或非湿固性材料，基面应保持干燥，其含水率<8%。在潮湿基面上施工应选择湿固性涂料，含有吸水能力组分的涂料、水性涂料。涂料的施工应沿墙自上而下进行，不得漏喷涂、跳跃式或无次序喷涂。喷涂次数不少于两遍，后一道涂料必须待前一道涂料结膜后方可进行，且涂刷方向应与前一道方向垂直。防水层初期结膜前（一般24小时）不能受雨、雪侵蚀，在成膜过程中，如因雨水冲刷产生麻面或脱落时，必须重新修补、涂刷。

涂膜防水层可用无纺布、玻璃布作加筋材料。

（4）墙体注浆技术要求

基层处理：将墙体裂缝两侧剔成沟槽并清理干净。

布置灌浆孔：灌浆孔应选在漏水量最大的部位。水平裂缝宜沿缝下面向上选斜孔，垂直裂缝宜正对裂缝选直孔。灌浆孔不应穿透结构厚度（至少留10～100mm厚）。孔洞的布置上下交错，其间距视缝隙大小及浆液的扩散半径而定，一般为500～1000mm。

按工序要求埋设注浆嘴、封闭漏水、试灌、灌浆、封闭孔洞。

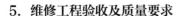

5. 维修工程验收及质量要求

（1）墙体修理工程完工后3d（冬季10d）墙面进行冲水或雨淋试验，持续2小时后无渗漏可定为合格。

（2）隐蔽工程：如基层、嵌缝、补洞等部位每道工序须检查并作好记录。

（3）检查的程序及方法应包括：目测、实测试验跟踪观察定期回访。

（4）竣工资料：应包括修理设计方案、施工方案、施工重大技术问题处理记录、隐蔽工程记录、材料质量报告或检验报告、竣工报告和竣工图。

7.4 其他有水房间渗漏的维修

有水房间是指厨房、厕所、卫生间、阳台等设置有给排水管道的房间。其渗漏是一项严重频发的通病，若不能及时维修，将直接影响用户的正常使用。

7.4.1 有水房间地面渗漏的维修

1. 有水房间楼地面渗漏的原因

（1）楼地面设计不够合理，在土建设计中未考虑到楼板的四角容易出现裂缝而未采取相应措施；

（2）在施工图设计中各工种配合不好，在水施工图中没有标清预留孔的位置，导致施工时随意预留孔洞，或在土建施工图中没有标清预留孔的处理方法，导致施工时随意处理预留孔洞等；

（3）预留孔洞的位置不准确，安装给水排水设施时易造成防水层破坏；

（4）在有水房间楼板浇筑施工中，模板移位、下沉，钢筋被踩陷，造成楼板产生裂缝；另外楼板的蜂窝麻面、起砂等缺陷也易造成楼板渗漏；

（5）先砌筑台、支墩、隔板、小便槽，后进行面层施工，积水易从其底下没有面层的部分渗漏。

2. 有水房间楼地面渗漏的防治

（1）在土建施工图中楼板四个角和预留孔四周等部位加设防裂的构造；

（2）在设计中要考虑各工种的配合，确保各工种表示的预留孔洞位置和处理方法一致；

（3）采用正确的施工方法预留孔洞或凿洞，精心施工，填塞缝隙，切实做好防水层；

（4）楼板出现裂缝、蜂窝等缺陷引起渗漏时，可将损坏处清除干净，并浇水湿润，再分层抹上防水砂浆或局部作防水层；

（5）严格按图施工，遵守施工验收规范，避免出现裂缝、蜂窝、麻面、起砂状况；

（6）穿楼板的管道预留处理时，要将管道周围的混凝土清除干净，然后用防水油膏等防水抹料在管道四周作好防水层。

7.4.2 有水房间卫生器具安装不牢固、连接处渗漏的维修

1. 主要原因

（1）土建墙体施工时，没有按规定预埋木砖；

（2）固定卫生器的螺栓规格不合适，拧戴不牢固；

（3）卫生器具与墙面接触不够严实；

（4）大便器与排水管道处，排水管甩口高度不够，大便器出口插入排水管的深度不够；

（5）大便器与冲洗管，存水弯头、接口与排水管接口不填塞油麻丝，填塞砂浆不严实，造成接口有漏洞或裂缝等。

2. 防治措施

（1）固定卫生器具用的木砖应刷好防腐油，在墙体施工时预埋好，严禁后装木砖或木塞；

（2）固定卫生器具的螺栓规格要合适，尽量采取合格的金属螺栓；

（3）凡固定卫生器具有托架或螺丝不牢固的，应重新安装。卫生器具与墙面间如有较大缝隙要用水泥砂浆填饱满；

（4）大便器排水管出口高度必须合适，并高出地面10mm；

（5）排水管接口中，铸铁管承插口塞油麻丝为深度的1/3，接口砂浆要掺水泥量50%的防水剂作成防水砂浆，砂浆的分层塞紧捣实；

（6）大便器与冲洗管接口（非绑扎型）用油麻丝填塞，然后用1∶2水泥砂浆嵌填密实。若大便器与冲洗管用胶皮绑扎连接时，须用14号铜丝并绑扎两道（不得用铁丝）。所有排水管接口，均要先试水后隐蔽。

7.4.3 有水房间墙面渗水的原因和防治

有水房间楼地面的渗漏现象，如没及时处理，那其渗水面积将会沿楼地面及墙体的毛细孔延伸扩大，因此有水房间墙面渗水确是一个容易发生又不可忽视的质量通病。

1. 有水房间墙面渗水的原因

（1）地面排水坡度不合适，墙根处过低而积水；

（2）墙裙处没作防水处理，墙裙气鼓、开裂或用白灰砂浆作面层；

（3）大便器等水卫设备与楼板连接不紧密，且未作防水处理，水顺着本层楼板底面流到板边的墙上；

（4）设计中未考虑在楼板的四周设置附加钢筋，板面出现裂缝后，水顺着裂缝流到板边的墙上。

2. 防治措施

（1）地漏集水半径大于6cm时，找坡较难，此时须在墙裙外用水泥砂浆或防水砂浆抹平浇筑。

（2）有水房间在浇捣楼地面的同时做出反边。

（3）在有水房间设置涂膜防水（如聚氨酯涂膜防水）代替各种卷材防水，使地面和墙面形成一个无接缝和封闭严整的整体防水层。

（4）在整治有水房间墙面渗水时，首先查出其原因，其次对引起渗漏的根源进行处理，最后对墙根进行防水处理。

7.4.4 厨房卫生间渗漏的维修

1. 墙面腐蚀修补

将墙面饰面层起壳，脱落，酥松等损坏部位凿除，露出墙体表面，清理干净，干燥后用1：2防水砂浆抹底，再重新做饰面层。

2. 楼地面渗漏的维修（图 7-18）

（1）大面积渗漏。可以先铲除面层材料，露出漏水部位，清理干净后重新做防水材料，通常都需要加铺胎体增强材料做成涂膜防水层，施工方法可以参照屋面涂膜防水层的做法。防水层完成后需要经过试水，没有渗漏以后才能重新做防水层。

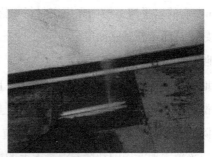

图 7-18　楼地面渗漏维修图

（2）裂缝渗漏的维修

1）宽度在0.5mm以下的裂缝，可以不用铲除面层，将裂缝处清理干净，待干燥后沿裂缝涂刷多遍高分子防水涂料密封。

2）宽度在0.5～2mm之间的裂缝，沿缝的两边剔除面层，约40mm宽，清理干净后铺涂膜防水层，然后重新做面层。

3）宽度在2mm以上的裂缝，宜用填缝处理。处理时先铲除面层，沿裂缝的位置进行剔槽（槽的宽度和深度不小于10mm，呈V字形），清理干净后在槽内嵌填密封材料，再铺贴带胎体增强材料的涂膜防水层，最后再做面层。

3. 管道穿过楼地面处渗漏的维修

（1）穿过楼地面管道根部积水，裂缝渗漏，沿管根部剔凿出宽度和深度均不小于10mm的沟槽，清除浮灰和杂物后，在沟槽内嵌填合成高分密封材料，然后再沿着管道高度及地面水平方向涂刷宽度均不少于100mm，厚度不小于1mm的合成高分子防水涂料。

（2）穿过楼地面的套管损坏，更换套管，在套管上部高出地面20mm，套管夏布与顶棚底齐平，套管内径与立管外径的环隙应该做封闭处理，以防从环隙渗透污水，套管根部要密封。

4. 楼地面与墙面交接部位渗漏的维修

（1）贴缝法

如果根部裂缝较小，渗水不严重，可以采取贴缝修补的方法，具体就是把裂缝部位清理干净后，在裂缝部位涂刷防水涂料，并加贴胎体增强材料将缝隙密封。

（2）凿槽嵌填法

先凿除渗漏处楼地面几踢脚处面层，宽度均为200mm左右，然后沿墙根剔除高60mm，深度40mm左右的水平槽，槽内先用密封材料嵌填密实，再用1：2防水砂浆将凿开的楼地面踢脚粉刷好，最后重新做好面层。

5. 地漏周边渗漏的维修

若是地漏周边孔洞填堵的混凝土酥松，并且夹杂的有砖块、碎石和碎混凝土等垃圾，则应该全部凿除，重新支模，浇筑C20细石混凝土。若地漏上口排水不畅，可以将地漏周围的楼地面凿除，重新找坡度做地漏。地漏上口应该做成"八"字形，低于地面30mm，楼地面找平砂浆应该覆盖地漏周围和堵洞混凝土上的缝隙，最后做面层。

7.5　地下室渗漏的维修

地下室渗漏分为地下墙面漏水、墙面潮湿、预埋件部位漏水、穿墙管部位漏水等渗漏现象。地下室漏水原因复杂，就漏水情况又可分为孔洞漏水和裂缝漏水，从漏水现象中看又可分慢渗、快渗、急流、高压急流几种。

1. 地下室墙面漏水

地下室墙面漏水原因是地下室未做防水或防水没做好，内部不密实有微小孔隙，形成渗水通道，地下水在压力作用下，进入这些通道，造成墙面漏水。

维修：将地下水位降低，尽量在无水状态下进行操作，先将漏水墙面刷洗干净，空鼓处去除补平，墙面凿毛，用防水快速将止漏材料涂抹墙面，待凝固后，用合适的防水涂料或新型防水材料再涂刷一遍。根据墙面漏水情况，可采用多种方法治漏，如氯化铁防水砂浆抹面处理、喷涂M1500水泥密封剂、氰凝剂处理法等。

2. 墙面潮湿

墙面潮湿原因：刚性防水层薄厚不均匀，抹压不密实或漏抹，刚性防水层抹完后未充分养护，砂浆早期脱水，防水层中有微小裂缝。维修：环氧立得粉处理法。用等量乙二胺和丙酮反应，制成丙酮亚胺，加入环氧树脂和二丁酯混合液中，掺量为环氧树脂的16%，并加入一定量的立得粉，在清理干净，经过干燥化处理的墙上涂刷均匀。

3. 预埋件部位漏水

预埋件部位漏水原因：预埋件周围，特别是下部，浇筑混凝土较为困难，振捣不易密实。预埋件表面有锈，难与混凝土粘结严密。维修：用工具将预埋件周边凿出环形沟槽，把预埋件暴露出来，进行除锈并清洗干净放置原处，用防水密封材料填塞四周，然后再做好面层防水。

4. 穿墙管部位漏水

穿墙管部位漏水原因是穿墙管道与四周密封不严产生裂缝。维修：将漏水点四周凿开，除去杂物，将管道清洗干净，沿穿墙管周围粘贴遇水膨胀橡胶条，静置24小时后喷涂水玻璃浆液固化后，再用合适的防水材料做好防水。

 知识梳理与总结

房屋防水损坏引起的渗、漏、滴等问题是物业项目常见的问题，也是最难彻底解决的技术难题，本章将墙体防水、有水房间防水以及地下室防水的分类及构造形式、渗漏原因进行分析勘查、修理和保养方法进行讲解，并结合渗漏部位维修案例让学生用所学的知识对实际遇到的防水损坏问题进行模拟分析，以达到理论与实际相结合的目的。

练习与思考题

1. 外墙最容易引起渗漏的节点是哪里？请举例说明。

2. 请举例说明卫生间地面的防水构造做法？

3. 为什么要对地下室做防潮、防水处理？

4. 地下室防潮构造的要点有哪些？构造要注意些什么问题？

5. 地下室在什么情况下要做防水？其外防水和内防水有何区别？

6. 外防水构造的要点有哪些？

7. 简述墙体渗漏产生的原因？不同部位的渗漏维修方法是什么？

8. 厕所防水施工时有一业主墙面未作防水，简述可能会造成的损坏是什么？损失谁来承担？如何维修？采用何种方法可以避免此类现象的发生？

9. 用什么方法可以找出漏水点的位置？

10. 建筑防水部位日常检查与管理应注意哪些问题？

房屋装饰工程构造与维修 8

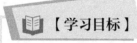

【学习目标】

　　了解地面、墙面以及门窗装饰工程的类型；掌握水泥混凝土地面、水磨石地面、瓷砖及大理石地面常用的维修方法；掌握楼地面养护和质量控制的要点；了解墙体装饰工程的类型；掌握墙体装修损坏现象及原因；掌握墙体装修工程维修的方法；了解不同类型门窗常见的损坏现象。

8.1　职场案例

■■ 1. 案例分析

　　某业主家里墙面大面积起皮现象（图 8-1）多次报修，物业公司派工程部负责人现场查看，结合原施工及维修记录，分析得知墙面大面积起皮是原施工方在施工时采用双飞粉掺和胶水的施工方法，并且施工工艺控制不当，造成涂料基层松软，导致房屋从交付到现在已造成多户室内墙面涂料均有不同程度大面积起皮的现象。

图 8-1　墙面、顶棚基层腻子粉松软

■■ 2. 维修过程

　　（1）将墙面涂料及基层全部铲除、清理到水泥砂浆墙面及结构楼板，清理干净后满滚801胶水；

　　（2）待801胶水干后，用腻子先刮平。然后用粗砂纸整平，再用细砂纸打磨光滑，阴阳角可略磨圆，保持顺直；

　　（3）对批刮形成的新的整体基层进行检查和局部修整，再满刮腻子二遍，并用细砂纸打磨光滑；

　　（4）墙面需批嵌三道腻子，批嵌第一道时应注意把遗留于墙面上的一些缺陷，例如砂眼、气泡孔、塌陷不平和麻点的地方充分刮平，对于缺陷较大的地方可进行多次找平，第二道腻子则应注意大面积找平，待相对干燥后砂纸打磨，第三道腻子则在局部稍加修复并打磨，每道腻子层不宜刮得太厚。第一道腻子应调稠些便于批嵌缝洞；第二道则稀些，使之大面找平；第三道则更稀些，所有腻子层打光磨平后应无刮痕，随之清除墙面粉尘。用于基层处理的腻子应坚实牢固，批嵌后不得出现粉化、起皮和裂缝等现象。腻子干燥后，应打磨平整光滑，并清理干净；

（5）滚涂抗碱封闭底漆一遍；

（6）刷面漆两遍。

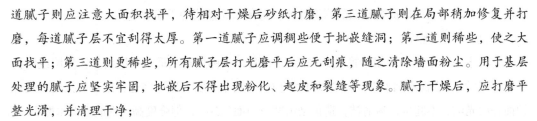 **3. 案例启示**

（1）每道工序严格按照室内装饰装修工艺要求进行验收；

（2）现场维修要加强与业主之间的沟通，做好方案告知工作，改进工艺和方法，维修期间要积极对业主进行修复使其达到最终的维修满意；

（3）项目施工阶段项目工程师应要求各施工单位严格按施工要求标准施工，项目部及监理要加强监督，防止类似问题发生。

4. 案例思考

（1）物业管理过程中遇到的装饰工程维修有哪些？请举例说明。

（2）是不是所有装饰工程损坏都要维修？

8.2　房屋装饰构造

8.2.1　楼地面装饰构造

1. 楼地面的类型

按面层所用材料和施工方式不同，常见地面做法可分为以下几类：

（1）整体地面：水泥砂浆地面、细石混凝土地面、水泥石屑地面、水磨石地面等。

（2）块材地面：砖铺地面、面砖、缸砖及陶瓷锦砖地面等。

（3）塑料地面：聚氯乙烯塑料地面、涂料地面。

（4）木地面：常采用条木地面和拼花木地面。

2. 楼地面构造

（1）整体地面

1）水泥砂浆地面

又称水泥地面，它构造简单，坚固耐磨，防水性能好、造价低廉、但容易起灰、无弹性。通常有单层和双层两种做法。单层做法只抹一层20～25mm厚1:2或1:2.5水泥砂浆；双层做法是先做一层10～20mm厚1:3水泥砂浆找平，然后表面再抹5～10mm厚1:2水泥砂浆抹平压光。双层做法可以提高地面的耐磨性能，避免水泥砂浆的干缩裂缝。

2）水泥石屑地面

是将水泥砂浆里的中粗砂换成3～6mm的石屑，或称豆石或瓜米石地面。在垫层或结构层上直接做1:2水泥石屑25厚，水胶比不大于0.4，刮平拍实，碾压多遍，出浆后抹光。这种地面表面光洁，不起尘，易清洁，造价是水磨石地面的50%，但强度高，性能近似水磨石。

3）水磨石地面

水磨石地面是将天然石料的石屑用水泥砂浆拌合在一起，浇筑抹平结硬后再磨光、打蜡而成的地面。水磨石地面坚硬，耐磨，光洁美观，一般在完成顶棚和墙面抹灰后再施工。

水磨石地面为分层构造，先在底层用1:3水泥砂浆18mm厚找平，面层铺（1:1.5）～（1:2）水泥石磴12mm厚，石磴粒径为8～10mm，底层和面层之间刷素水泥浆结合层。

为防止地面变形引起面层开裂，便于施工和维修，水磨石地面应设置分格条，一般高10mm，与水磨石面层的厚度相同，在浇筑面层之前用1:1水泥砂浆固定。分格条有玻璃条和金属条（图8-2）。

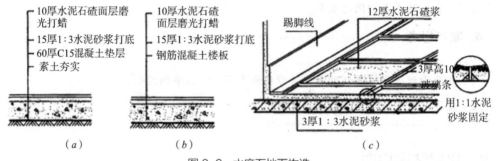

图 8-2　水磨石地面构造

（2）块材地面

是利用各种人造的和天然的预制块材、板材镶铺在基层上面。

1）铺砖地面

铺砖地面有黏土砖地面、水泥砖地面、预制混凝土块地面等。铺设方式有两种：干铺和湿铺。干铺是在基层上铺一层20～40mm厚砂子，将砖块等直接铺设在砂上，板块间用砂或砂浆填缝。湿铺是在基层上铺1:3水泥砂浆12～20mm厚，用1:1水泥砂浆灌缝（图8-3）。

图 8-3　铺砖地面

2）缸砖、地面砖及陶瓷锦砖地面

缸砖是陶土加矿物颜料烧制而成的一种无釉砖块，主要有红棕色和深米黄色两种，缸砖质地细密坚硬，强度较高，耐磨、耐水、耐油、耐酸碱，易于清洁不起灰，施工简单，因此广泛应用于卫生间、盥洗室、浴室、厨房、实验室及有腐蚀性液体的房间地面。

地面砖的各项性能都优于缸砖，且色彩图案丰富，装饰效果好，造价也较高，多用于装修标准较高的建筑物地面。

缸砖、地面砖构造做法：20mm厚1:3水泥砂浆找平，3～4mm厚水泥胶（水泥：107胶：水～1:0.1:0.2）粘贴缸砖，用素水泥浆擦缝。

陶瓷锦砖质地坚硬，经久耐用，色泽多样，耐磨、防水、耐腐蚀、易清洁，适用于有水、有腐蚀的地面。做法类同缸砖，后用滚筒压平，使水泥胶挤入缝隙，用水洗去牛皮纸，用白水泥浆擦缝。

3）天然石板地面

常用的天然石板指大理石和花岗石板，由于它们质地坚硬，色泽丰富艳丽，属高档地面装饰材料，一般多用于高级宾馆、会堂、公共建筑的大厅、门厅等处。

其做法是在基层上刷素水泥浆一道后30mm厚1:3干硬性水泥砂浆找平，面上撒2mm厚素水泥（洒适量清水），粘贴石板。

（3）木地面（木地板，复合地板）

按构造方式有架空、实铺和粘贴三种。

1）架空式木地板常用于底层地面，主要用于舞台、运动场等有弹性要求的地面（图8-4）。

2）实铺木地面是将木地板直接钉在钢筋混凝土基层上的木搁栅上。木搁栅为50mm×60mm方木，中距400mm，40mm×50mm横撑，中距1000mm与木搁栅钉牢。为了防腐，可在基层上刷冷底子油和热沥青，搁栅及地板背面满涂防腐油或煤焦油。

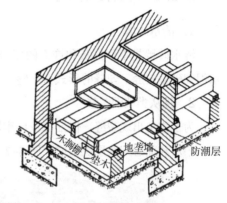

图8-4 架空式木地板

3）粘贴木地面的做法是先在钢筋混凝土基层上采用沥青砂浆找平，然后刷冷底子油一道，热沥青一道，用2mm厚沥青胶环氧树脂乳胶等随涂随铺贴20mm厚硬木长条地板（图8-5）。

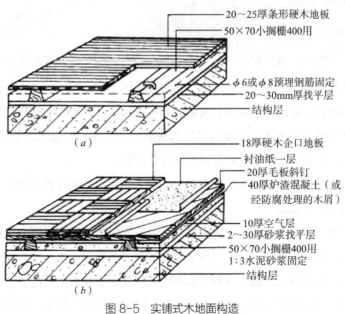

图8-5 实铺式木地面构造

（a）单层；（b）双层

（4）塑料地面

常用的塑料地毡为聚氯乙烯塑料地毡和聚氯乙烯石棉地板。

聚氯乙烯塑料地毡（又称地板胶），是软质卷材，可直接干铺在地面上。

聚氯乙烯石棉地板是在聚氯乙烯树脂中掺入60%～80%的石棉绒和碳酸钙填料。由于树脂少，填料多，所以质地较硬，常做成300mm×300mm的小块地板，用粘结剂拼花对缝粘贴。

（5）涂料地面

涂料类地面耐磨性好，耐腐蚀、耐水防潮，整体性好，易清洁，不起灰，弥补了水泥砂浆和混凝土地面的缺陷，同时价格低廉，易于推广。

8.2.2 墙面装饰构造

1. 清水砖墙

清水砖墙是不作抹灰和饰面的墙面。为防止雨水浸入墙身和整齐美观，可用1:1或1:2水泥细砂浆勾缝，勾缝的形式有平缝、平凹缝、斜缝、弧形缝等（图8-6）。

2. 抹灰类墙面装修

为了避免出现裂缝，保证抹灰层牢固和表面平整，施工时须分层操作。抹灰装饰层由底层、中层和面层三个层次组成（图8-7）。

图8-6 清水砖墙

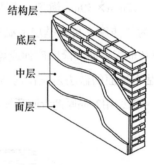

图8-7 抹灰类墙面构造

底层抹灰的作用是与基层（墙体表面）粘结和初步找平，厚度为10～15mm。底层灰浆用料视基层材料而异：普通砖墙常用石灰砂浆和混合砂浆；对混凝土墙应采用混合砂浆和水泥砂浆；板条墙的底灰用麻刀石灰砂浆或纸筋石灰砂浆；另外，对湿度较大的房间或有防水、防潮要求的墙体，底灰应选用水泥砂浆或水泥混合砂浆。

中层抹灰主要起找平作用，其所用材料与底层基本相同，也可以根据装修要求选用其他材料，厚度一般为5～10mm。

面层抹灰主要起装修作用，要求表面平整、色彩均匀、无裂纹，可以做成光滑、粗糙等不同质感的表面。根据面层所用材料，抹灰装修有很多类型。

外墙面因抹灰面积较大，由于材料干缩和温度变化，容易产生裂缝，常在抹灰面层作分格，称为引条线。引条线的做法是在底灰上埋放不同形式的木引条，面层抹灰完毕后及时取下引条，再用水泥砂浆勾缝，以提高抗渗能力。抹灰分为一般抹灰和装饰抹灰两类（图

8-8、图 8-9）。

图 8-8　一般抹灰类墙面

图 8-9　装饰抹灰

3. 贴面类墙面装修

贴面类装修指在内外墙面上粘贴各种天然石板、人造石板、陶瓷面砖等。

1）面砖饰面构造

面砖应先放入水中浸泡，安装前取出晾干或擦干净，安装时先抹15mm 1:3水泥砂浆找底并划毛，再用1:0.3:3 水泥石灰混合砂浆或用掺有108胶（水泥用量5%～7%）的1:2.5水泥砂浆满刮10mm厚于面砖背面紧粘于墙上。对贴于外墙的面砖常在面砖之间留出一定缝隙（图 8-10）。

2）陶瓷锦砖饰面

陶瓷锦砖也称为马赛克，有陶瓷锦砖和玻璃锦砖之分。它的尺寸较小，根据其花色品种，可拼成各种花纹图案。铺贴时先按设计的图案将小块材正面向下贴在（500×500）mm大小的牛皮纸上，然后牛皮纸面向外将马赛克贴于饰面基层上，待半凝后将纸洗掉，同时修整饰面（图 8-11）。

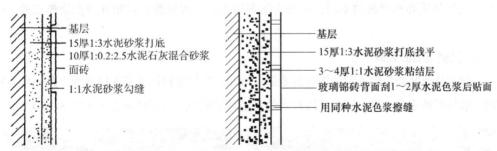

图 8-10　面砖饰面构造示意　　　　　图 8-11　玻璃锦砖饰面构造

3）天然石材和人造石材饰面

石材按其厚度分有两种，通常厚度为30～40mm为板材，厚度为40～130mm以上称为块材。常见天然板材饰面有花岗石、大理石和青石板等，具有强度高、耐久性好，多作高级装饰用。常见人造石板有预制水磨石板、人造大理石板等。

干挂石材的施工方法是用一组高强耐腐蚀的金属连接件，将饰面石材与结构可靠地连接（图 8-12），其间形成空气间层不作灌浆处理（图 8-13、图 8-14）。

图 8-12　干挂石材法骨架与柱的连接实例

图 8-13　工人对石材进行加工后再安装使用　　　　　图 8-14　干挂石材法构造

4. 涂料类墙面装修

涂料系指喷涂、刷于基层表面后，能与基层形成完整而牢固的保护膜的涂层饰面装修。涂料按其主要成膜物的不同，可以分为有机涂料和无机涂料两大类。

常用的无机涂料有石灰浆、大白浆、可赛银浆、无机高分子涂料等。有机合成涂料依其主要成膜物质和稀释剂的不同，可分为溶剂型涂料、水溶性涂料和乳液型涂料三种（图 8-15）。

5. 裱糊类墙面装修

裱糊类墙面装修是将各种装饰性的墙纸、墙布、织锦等材料裱糊在内墙面上的一种装修饰面。墙纸品种很多，目前国内使用最多的是塑料墙纸和玻璃纤维墙布等（图 8-16）。

图 8-15　涂料类墙面　　　　　　　　　图 8-16　裱糊类墙面

（1）基层处理：在基层刮腻子，以使裱糊墙纸的基层表面达到平整光滑。同时为了避免基层吸水过快，还应对基层进行封闭处理，处理方法为：在基层表面满刷一遍按1∶0.5～1∶1稀释的108胶水。

（2）裱贴墙纸：粘贴剂通常采用108胶水。其配合比为：108胶∶羧甲基纤维素（2.5%）水溶液∶水＝100∶（20～30）∶50，108胶的含固量为12%左右。

6. 板材类墙面装修

板材类装修系指采用天然木板或各种人造薄板借助于镶钉胶等固定方式对墙面进行装饰处理。板材类墙面由骨架和面板组成，骨架有木骨架和金属骨架，面板有硬木板、胶合板、纤维板、石膏板等各种装饰面板和近年来应用日益广泛的金属面板。常见的构造方法如下：

（1）木质板墙面

木质板墙面系用各种硬木板、胶合板、纤维板以及各种装饰面板等作的装修。具有美观大方、装饰效果好，且安装方便等优点，但防火、防潮性能欠佳，一般多用作宾馆、大型公共建筑的门厅以及大厅面的装修。木质板墙面装修构造是先立墙筋，然后外钉面板（图8-17）。

图8-17　板材类墙面

（2）金属薄板墙面

金属薄板墙面系指利用薄钢板、不锈钢板、铝板或铝合金板作为墙面装修材料。以其精密、轻盈，体现着新时代的审美情趣。

金属薄板墙面装修构造，也是先立墙筋，然后外钉面板。墙筋用膨胀铆钉固定在墙上，间距为60～90mm。金属板用自攻螺丝或膨胀铆钉固定，也可先用电钻打孔后用木螺丝固定。

（3）石膏板墙面

一般构造做法是：首先在墙体上涂刷防潮涂料，然后在墙体上铺设龙骨，将石膏板钉在龙骨上，最后进行板面修饰。

8.2.3　门窗构造

1. 木门窗构造

（1）平开门的组成

门一般由门框、门扇、亮子、五金零件及其附件组成（图8-18）。

门扇按其构造方式不同，有镶板门、夹板门、拼板门、玻璃门和纱门等类型。亮子又称腰头窗，在门上方，为辅助采光和通风之用，有平开、固定及上、中、下悬几种。门框是门扇、亮子与墙的联系构件。五金零件一般有铰链、插销、门锁、拉手、门碰头等。附件有贴脸板、筒子板等（图8-19）。

（2）门框

一般由两根竖直的边框和上框组成。当门带有亮子时，还有中横框，多扇门则还有中竖框。

1）门框断面

门框的断面形式与门的类型、层数有关，同时应利于门的安装，并应具有一定的密闭性（图8-19）。

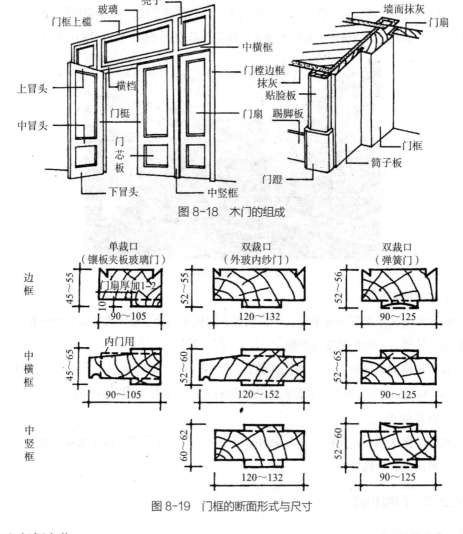

图 8-18　木门的组成

图 8-19　门框的断面形式与尺寸

2）门框安装

门框的安装根据施工方式分后塞口和先立口两种（图8-20）。

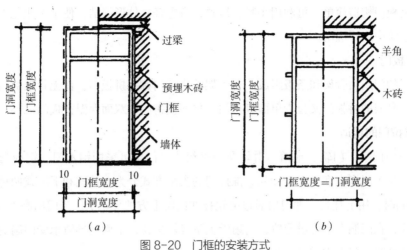

图 8-20　门框的安装方式

（a）后塞口；（b）先立口

3）门框在墙中的位置

门框在墙中的位置，可在墙的中间或与墙的一边平。一般多与开启方向一侧平齐，尽可能使门扇开启时贴近墙面（图 8-21）。

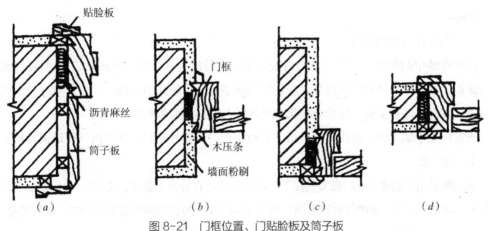

图 8-21　门框位置、门贴脸板及筒子板

（a）外平；（b）立中；（c）内平；（d）内外平

（3）门扇

常用的木门门扇有镶板门（包括玻璃门、纱门）、夹板门和拼板门等。

1）镶板门

是广泛使用的一种门，门扇由边挺、上冒头、中冒头（可作数根）和下冒头组成骨架，内装门芯板而构成。构造简单，加工制作方便，适于一般民用建筑作内门和外门。

2）夹板门

是用断面较小的方木做成骨架，两面粘贴面板而成。门扇面板可用胶合板、塑料面板和硬质纤维板，面板不再是骨架的负担，而是和骨架形成一个整体，共同抵抗变形。夹板门的形式可以是全夹板门、带玻璃或带百叶夹板门。

由于夹板门构造简单，可利用小料、短料，自重轻，外形简洁，便于工业化生产，故在一般民用建筑中广泛应用。

3）拼板门

拼板门的门扇由骨架和条板组成。有骨架的拼板门称为拼板门，而无骨架的拼板门称为实拼门；有骨架的拼板门又分为单面直拼门、单面横拼门和双面保温拼板门三种。

2. 推拉门的构造

推拉门由门扇、门轨、地槽、滑轮及门框组成。门扇可采用钢木门、钢板门、空腹薄壁钢门等，每个门扇宽度不大于1.8m。推拉门的支承方式分为上挂式和下滑式两种，当门扇高度小于4m时，用上挂式，即门扇通过滑轮挂在门洞上方的导轨上。当门扇高度大于4m时，多用下滑式，在门洞上下均设导轨，门扇沿上下导轨推拉，下面的导轨承受门扇的重量。推拉门位于墙外时，门上方需设雨篷。

3. 平开窗的构造

（1）窗框安装

窗框与门框一样，在构造上应有裁口及背槽处理，裁口亦有单裁口与双裁口之分。窗框的安装与门框一样，分后塞口与先立口两种。塞口时洞口的高、宽尺寸应比窗框尺寸大10～20mm。

（2）窗框在墙中的位置

窗框在墙中的位置，一般是与墙内表面平，安装时窗框突出砖面20mm，以便墙面粉刷后与抹灰面平。框与抹灰面交接处，应用贴脸板搭盖，以阻止由于抹灰干缩形成缝隙后风透入室内，同时可增加美观。贴脸板的形状及尺寸与门的贴脸板相同。

当窗框立于墙中时，应内设窗台板，外设窗台。窗框外平时，靠室内一面设窗台板。

4. 钢门窗

钢门窗是用型钢或薄壁空腹型钢在工厂制作而成。它符合工业化、定型化与标准化的要求。在强度、刚度、防火、密闭等性能方面，均优于木门窗，但在潮湿环境下易锈蚀，耐久性差。

（1）钢门窗材料

1）实腹式

实腹式钢门窗料是最常用的一种，有各种断面形状和规格。一般门可选用32及40料，窗可选用25及32料（25、32、40等表示断面高为25mm、32mm、40mm）。

2）空腹式

空腹式钢门窗与实腹式窗料比较，具有更大的刚度，外形美观，自重轻，可节约钢材40%左右。但由于壁薄，耐腐蚀性差，不宜用于湿度大、腐蚀性强的环境。

（2）基本钢门窗

为了使用、运输方便，通常将钢门窗在工厂制作成标准化的门窗单元。这些标准化的单元，即是组成一扇门或窗的最小基本单元。设计者可根据需要，直接选用基本钢门窗，或用这些基本钢门窗组合出所需大小和形式的门窗。

钢门窗框的安装方法常采用塞框法。门窗框与洞口四周的连接方法主要有两种：① 在砖墙洞口两侧预留孔洞，将钢门窗的燕尾形铁脚埋入洞中，用砂浆窝牢；② 在钢筋混凝土过梁或混凝土墙体内则先预埋铁件，将钢窗的Z形铁脚焊在预埋钢板上（图8-22）。

（3）组合式钢门窗

当钢门窗的高、宽超过基本钢门窗尺寸时，就要用拼料将门窗进行组合。拼料起横梁与立柱的作用，承受门窗的水平荷载。

拼料与基本门窗之间一般用螺栓或焊接相连。当钢门窗很大时，特别是水平方向很长时，为避免大的伸缩变形引起门窗损坏，必须预留伸缩缝，一般是用两根56×36×4mm的角钢用螺栓组成拼件，角钢上穿螺栓的孔为椭圆形，使螺栓有伸缩余地。

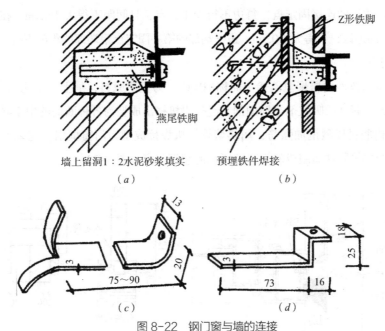

图 8-22 钢门窗与墙的连接

（a）与砖墙连接；（b）与混凝土连接；（c）燕尾铁脚；（d）Z形铁脚

5. 铝合金门窗

（1）铝合金门窗的特点

1）自重轻。铝合金门窗用料省、自重轻，较钢门窗轻50%左右。

2）性能好。密封性好，气密性、水密性、隔声性、隔热性都较钢、木门窗有显著的提高。

3）耐腐蚀、坚固耐用。铝合金门窗不需要涂涂料，氧化层不褪色、不脱落，表面不需要维修。铝合金门窗强度高，刚性好，坚固耐用，开闭轻便灵活，无噪声，安装速度快。

4）色泽美观。铝合金门窗框料型材表面经过氧化着色处理后，既可保持铝材的银白色，又可以制成各种柔和的颜色或带色的花纹，如古铜色、暗红色、黑色等。

（2）铝合金门窗框料系列

系列名称是以铝合金门窗框的厚度构造尺寸来区别各种铝合金窗的称谓，如：平开门门框厚度构造尺寸为50mm宽，即称为50系列铝合金平开门，推拉窗窗框厚度构造尺寸90mm宽，即称为90系列铝合金推拉窗等。实际工程中，通常根据不同地区、不同性质的建筑物的使用要求选用相适应的门窗框。

（3）铝合金门窗安装

铝合金门窗是表面处理过的铝材经下料、打孔、铣槽、攻丝等加工，制作成门窗框料的构件，然后与连接件、密封件、开闭五金件一起组合装配成门窗。

门窗安装时，将门、窗框在抹灰前立于门窗洞处，与墙内预埋件对正，然后用木楔将三边固定。经检验确定门、窗框水平、垂直、无翘曲后，用连接件将铝合金框固定在墙（柱、梁）上，连接件固定可采用焊接、膨胀螺栓或射钉等方法。

门窗框与墙体等的连接固定点，每边不得少于二点，且间距不得大于0.7m。在基本风压大于等于0.7kPa的地区，不得大于0.5m；边框端部的第一固定点距端部的距离不得大于0.2m。

6. 塑钢门窗

塑钢门窗是以改性硬质聚氯乙烯（简称UPVC）为主要原料，加上一定比例的稳定剂、着色剂、填充剂、紫外线吸收剂等辅助剂，经挤出机挤出成型为各种断面的中空异型材。经切割后，在其内腔衬以型钢加强筋，用热熔焊接机焊接成型为门窗框扇，配装上橡胶密封条、压条、五金件等附件而制成的门窗即所谓的塑钢门窗（图8-23）。

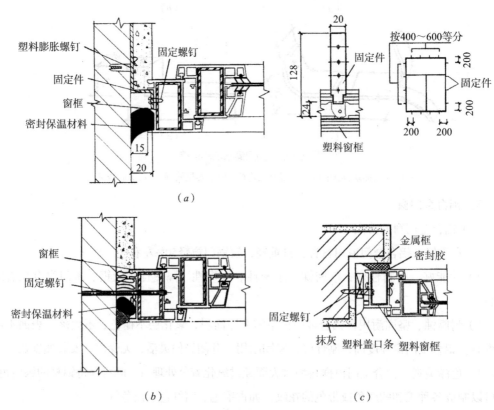

图8-23 塑钢窗框与墙体的连接节点图

（a）联接件法；（b）直接固定法；（c）假框法

具有如下优点：

（1）强度好、耐冲击；

（2）保温隔热、节约能源；

（3）隔声好；

（4）气密性、水密性好；

（5）耐腐蚀性强；

（6）防火；

（7）耐老化、使用寿命长；

（8）外观精美、清洗容易。

8.3　楼地面损坏及维修管理

8.3.1　水泥混凝土楼地面的损坏及维修

水泥混凝土地面往往是新建毛坯房交房的标准，由于施工过程中存在偷工减料和养护不当等现象，使地面工程存在一定的缺陷而达不到交房标准。有些混凝土地面工程的质量问题还会引起地面装饰材料的损害，增加装修成本。如地面不平在铺设复合地板时要重新找平，如不及时处理会引起地面装饰材料的损坏；地面裂缝会造成漏水问题甚至安全隐患，这就需要物业部门在接管验收的时候把握好验收关，如发现问题及时和相关部门联系沟通，及时解决。水泥楼地面常见的损害现象有地面起砂、地面空鼓、地面裂缝等。

楼地面构造层示意如图 8-24 所示。

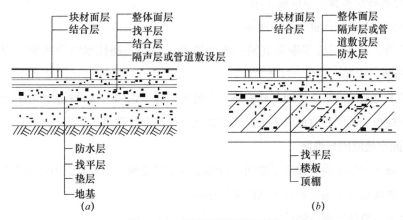

图 8-24　楼地面构造层示意图

（a）地面构造；（b）楼面构造

1. 地面起砂原因与维修

（1）地面起砂的原因

合格的水泥地面要求达到平整、光亮、美观、耐磨，利于清扫的标准。水泥地面起砂的表面现象为光洁度差，颜色发白不坚实，表面先有松散的水泥灰，随着走动增多，砂粒逐渐松动，直至成片水泥硬壳剥落。

水泥地面起砂一般是由于以下的原因造成的：施工、人员方面，砂浆搅拌不均匀，砂浆配合比不当导致水泥用量少，施工作业人员在作业过程中压光次数不够，抹压不实；施工完成后，养护不及时，人员过早在上面活动，养护时间不够；材料方面，水泥不合格，水泥存放时间过长，河砂过细，河砂含泥量过大等都会引起水泥地面起砂。

（2）地面起砂的维修

在楼地面起砂面积不大的情况下，常用以下三种办法处理。

1）纯水泥砂浆罩面法

适用范围：小面积起砂且不严重。

施工步骤：用磨石机将起砂部分水磨露出坚硬的表面→用钢丝刷将起砂面层清理干净→用水充分润湿→再用纯水泥砂浆罩面进行压光养护。

2）108胶水泥批涂法

适用范围：对于起砂不严重但面积较大的地面。

施工步骤：先清除浮砂，冲洗干净→凹凸不平处用水泥拌和少量108胶做成腻子嵌平→再用108胶加水（约一倍水）搅匀刷地面一遍以加强地面的粘结力→随后用108胶水泥浆分层刷3～4遍→打蜡。

注意：施工时室温须在10℃以上，三天后进行打蜡工作，以增强地面的耐磨性和耐久性。108胶掺量约为水泥重量的20%左右，多了强度会下降，少了粘结力不足。108胶水泥浆参考重量配合比：底层胶浆——水泥∶108胶∶水＝1∶0.25∶0.35；面层胶浆——水泥∶108胶∶水＝1∶0.2∶0.45。

3）剔除起砂层重新做罩面施工法

适用范围：大面积严重起砂的地面。

施工步骤：将面层全部剔除重做→地面凿毛、润湿→铺抹水泥砂浆前一定先抹一遍1∶0.4水泥净浆→压实、提浆、压光。

通过以上对水泥砂浆楼地面起砂的防止和处理措施，选用合格材料，严格执行标准规范和施工操作规程，就能有效地阻止水泥砂浆楼地面面层起砂现象的发生。

2. 地面空鼓原因与维修

地面空鼓多发生于面层和垫层之间，或垫层与基层之间。空鼓处受力容易开裂，严重时大片剥落，破坏地面使用功能和上部的装饰面层。

（1）地面空鼓的原因与防治

引起地面空鼓的原因有很多，如做楼地面的面层前，基层表面清理不干净有浮灰，使结合层粘结不牢引起空鼓；原材料质量低劣，配合比不正确达不到规定的强度；楼地面的楼板表面或地面垫层平整度较差且未处理好；违反施工操作规定，未按要求做好结合层；养护不善，受到振动等都会引起水泥地面空鼓。

防治空鼓的方法有：清理地面的混凝土垫层或楼板表面，并用水冲刷干净；按施工质量要求，严格选用原材料；当楼地面的基层平整度较差时，先做一层找平层，再做面层，使面层厚度一致；严格遵守施工操作规定；养护期间，禁止在上面操作和走动，应适时浇水养护；对空鼓的面层，先将空鼓部分铲除，清理干净并用水润湿，再做结合层，最后用原材料嵌补，挤压密实、压光。

（2）地面空鼓的维修

适用范围：对于局部空鼓。

施工步骤：用锋利的錾子将损害部分的灰皮剔除掉，将四周凿进结合良好处30～50mm剔成坡槎，用水清洗干净，补抹1∶2.5的水泥砂浆，如厚度超过15mm，应分层补抹，并留出3～4mm的深度，待砂浆终凝后再抹3～4抹面厚108胶水泥砂浆面层，并用铁抹子压平，待面层终凝后覆盖锯末或草栅洒水养护。

如整间楼地面空鼓，应铲除整个面层，将基层凿毛，按水泥砂浆楼地面的施工要求重做。

3. 地面裂缝原因与维修

（1）地面裂缝的原因与防治

1）地基基础不均匀沉降易使楼面产生裂缝；

2）楼板的板缝处理粗糙，引起楼板的整体性的降低，使楼面产生裂缝；

3）大面积的水泥砂浆抹面因没有设置分格缝，使楼地面产生收缩裂缝；

4）原材料质量低劣，如水泥强度等级低或失效等也会引起地面裂缝；

5）现浇钢筋混凝土楼面温差变形裂缝，使用维护不当等都易引起地面裂缝。

（2）地面裂缝的维修

由于水泥地面产生裂缝的原因有很多，因此我们要先判断裂缝产生的原因，再根据裂缝损坏的状况选择不同的维修方法。对于伴随空鼓出现的开裂，应按空鼓的维修方法进行维修。由于地基基础不均匀沉降引起的裂缝要先整治地基基础再修补裂缝。

1）地基不均匀沉降引起的裂缝

适用范围：由于地基基础不均匀沉降引起的裂缝。

施工步骤：整治地基基础→提高楼地面面层的整体性→修补裂缝。

先处理地基基础，再在楼板上做一层钢筋网片以抵抗楼面端部的负弯矩，提高楼地面面层的整体性，最后处理楼板的板缝。板缝修补的施工顺序为：清洗板缝→水泥砂浆灌缝→捣实压平→养护。

注意根据质量要求，严格选用原材料，严格控制施工质量，大面积的楼地面面层应做分格。

2）预制板板缝裂缝的维修

适用范围：预制板板缝出现的裂缝。

施工步骤：将出现裂缝的预制板板缝板缝凿开→凿毛清理干净→在板缝内先刷纯水泥浆→浇灌细石混凝土→面层抹水泥砂浆压实压光。

3）一般的裂缝

适用范围：裂缝较深，有影响承重性能。

施工步骤：将裂缝凿成V字型→用水冲洗干净→用1∶（1～1.2）的水泥砂浆嵌缝抹平压光即可。

4）大面积的裂缝

适用范围：面积较大且影响使用性能的裂缝。

施工步骤：铲除裂缝的面层→清扫干净用水浇湿→在找平层或垫层上刷一道1∶1的水泥砂浆→用1∶3的水泥砂浆找平→挤密压实使新旧层接缝严密→待找平后撒1∶1的水泥砂浆，随撒随压光→最后待面层做好后，用指甲在面层上刻画不起痕则浇水养护。

8.3.2　水磨石地面的损坏与维修

水磨石地面主要用于工业车间、医院、学校、办公室以及过道等对清洁度要求较高的公共场所。现浇水磨石地面是在水泥砂浆或混凝土垫层上，按设计要求分格并抹水泥石子浆，凝固硬化后，磨光露出石渣，并经补浆、细磨、打蜡即成水磨石地面。

1. 水磨石地面损坏现象及原因

水磨石地面常见的损坏现象有裂缝、光亮度差、细洞眼多等。水磨石地面的裂缝产生的主要原因：

（1）地面回填土不实，高低不平，造成垫层厚薄不匀，引起地面裂缝；

（2）基层未清理干净；

（3）暗敷电线管线太高，也易引起地面裂缝。

2. 水磨石地面损坏防治措施

水磨石地面损坏防治措施关键在于面层下面的基层处理，如回填土应层层压实，冬季施工中的回填土要采取保温措施，同时务必注意将基层清理干净等。

水磨石地面光亮度差，细洞眼多，产生原因既有磨光的磨面规格问题，也有金刚石砂轮规格问题；同时磨光过程中的二次补浆未采用擦浆而采用刷浆法，造成打磨时的洞眼出现。

其维修措施主要为：对于表面粗糙光亮度差的，应重新用细金刚石砂轮或油面打磨，直至光滑。洞眼较多的，应重新擦浆，直到打磨消除洞眼为止（图8-25）。

图8-25　水磨石地面维修图片

8.3.3 瓷砖、大理石等地面的损坏与维修

1. 瓷砖、大理石等地面损坏产生原因

因瓷砖、大理石等装饰效果好、清洁方便等特点是现代装饰工程中经常使用的装饰材料，如果瓷砖、大理石、花岗岩等板块在铺设时由于与基层黏结不牢，人走动时因有空鼓会引起板块松动或断裂从而影响装饰效果。超常瓷砖大理石等松动（图8-26）、空鼓的主要原因有：

图 8-26　瓷砖地面松动

（1）基层处理不干净或浇水湿润不够，水泥素浆结合层涂刷不均匀或涂刷时间过长，使粘结剂风干硬结，造成面层和垫层一起空鼓。

（2）层砂浆应采用干硬性砂浆，如果加水较多或一次铺得太厚，不易进行密实，容易造成面层空鼓。

（3）板块背面的浮灰没有刷净或用水湿润有的进行石材背面贴有塑料网，铺设前没有将其撕掉，影响黏结的效果；或者操作质量差，锤击次数不够。

2. 瓷砖、大理石等地面的维修

（1）局部空鼓的维修

局部空鼓维修方法可用电钻钻几个小孔，注入纯水泥浆或环氧树脂浆加以处理。孔洞表面用与原地面同色的水泥浆堵抹，然后将其磨光即可。

（2）板块松动、破损的维修

对于松动的板块，物业管理员应及时收集后集中维修，先将地板砂浆和基层表面清理干净，用水湿润后，再涂刷水泥浆重新铺设。断裂的板块和边角有损坏的板块，应将损坏的板块揭下来，更换合格的板块（图8-27）。

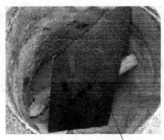

景观小路路面石材脱落　　　　物业将脱落石材及时　　　　　　　　　物业维修
　　　　　　　　　　　　　　收集进行维修

图 8-27　石材地面脱落的维修

8.3.4　木地板的维修

1. 木地板的损坏及产生原因

木地板主要存在地板起鼓、地板缝不平、表面不平整、踩时有响声等损坏现象。

（1）地板起鼓主要是因局部板面受潮所致，未铺防潮层或地板未开通气孔所引起的（图8-28）。

图 8-28　木地板地面受潮起鼓

（2）木地板缝不平，常常是因为板条规格不准或返潮所致。

（3）木地板表面不平整，一般多为电刨、手刨同时用，板面吃力深浅不匀，或房内弹线不准所致。

（4）地板踩踏时的响声往往是由于龙骨未被固定住，产生移动而发生响声。木龙骨水率大或施工环境湿度大造成木龙骨松动，也会导致上述结果。

2. 木地板损坏的维修

（1）地板起鼓的防治及维修措施

木地板施工时应注意木板的干燥及施工环境的干燥；遇到起鼓时应将起鼓的木地板面层拆开，在毛地板上钻通风孔若干，晾几天时间，待干燥后重新封板。

（2）木地板缝不平的维修

修补缝隙一般可用相同的材料刨成刀背形薄片，蘸胶嵌入缝内刨平。

（3）木地板表面不平整的维修

一般多为电刨、手刨同时用使板面吃力深浅不匀或房内弹线不准所致。若已造成上述情况，可将高刨平或磨平，或调正木栅高度。

（4）地板踩踏时的响声防治措施

在木阁、木栅或毛地板钉后分别检查二次，发现声响及时处理，或加绑铅丝或补钉垫木。现在一般可用膨胀螺栓固定。

8.3.5　楼地面的养护

在日常的物业管理过程中，要注意对地面的保护，不要在楼地面上随意敲击、敲打物体，拖拉重物，使地面空鼓、开裂、破损或使地面起砂，损坏面层。要保持室内通风良好，避免室内受潮。如水磨石在空气湿度过大时有凝结水发生，大理石等楼地面在某些化学成分与水汽的作用下，面层容易被腐蚀而失去光泽，木地板则容易受潮腐烂，要经常保持楼地面面层的清洁。

8.4 墙面装饰工程损坏及维修管理

墙面装修是建筑装修中的重要内容，对提高建筑的艺术效果、美化环境起着很重要的作用，还具有保护墙体的功能和改善墙体热工性能的作用。墙体表面的饰面装修因其位置不同有外墙面装修和内墙面装修两大类型。又因其饰面材料和做法不同，外墙面装修可分为抹灰类、饰面类和涂料类；内墙面装修则可分为抹灰类、贴面类、涂料类、裱糊类和铺钉类（表8-1）。

墙面装修分类　　　　　　　　　　　　　　　　　　表8-1

类别	室外装修	室内装修
抹灰类	水泥砂浆、混合砂浆、聚合物水泥砂浆、拉毛、水刷石、干粘石、斩假石、拉假石、假面石、喷涂、滚涂等	纸筋灰、麻刀灰粉面、石膏粉面、膨胀珍珠岩灰浆、混合砂浆、拉毛、拉条等
饰面类	外墙面砖、马赛克、玻璃马赛克、人造水磨石板、天然石板等	釉面砖、人造石板、天然石板等
涂料类	石灰浆、水泥浆、溶剂型涂料、乳液涂料、彩色胶砂涂料、彩色弹涂等	大白浆、石灰浆、油漆、乳胶漆、水性涂料、弹涂等
裱糊类		塑料墙纸、金属面墙纸、木纹壁纸、花纹玻璃、纤维布、纺织面墙纸及锦缎等
铺钉类	各种金属饰面板、石棉水泥板、玻璃	各种木夹板、木纤维板、石膏板以及各种装饰面板

墙面装饰工程的损坏会直接影响建筑物的整体美观，因此对于该部位的装饰工程的要根据损坏所在的位置和影响的程度来确定其维修方案。下面我们就几种在物业管理过程中常见的墙面装饰工程损坏：抹灰层的腐蚀脱落，饰面板（砖）墙面的破裂、缺棱少角、空鼓脱落的维修方法进行介绍。

8.4.1 抹灰工程

装饰中的抹灰是房屋建筑的组成部分，按建筑物的部位不同有内、外抹灰之分。可以保护主体结构，阻挡雨雪风霜日晒对主体结构的直接侵蚀，增强保温、隔热、抗渗、隔声等能力，使房屋内部平整明亮，清洁美观，改善采光条件，改善居住和工作条件的作用。

1. 抹灰工程的常见损坏及产生原因

（1）常见的损坏现象

1）抹灰面层酥松脱落：常见底层内墙面发生酥松，往往因勒脚处外墙渗水或基础内防潮层损坏引起；

2）抹灰面层空鼓：抹灰层与基层脱离，或抹灰层与抹灰层之间局部脱离；

3）裂缝：抹灰面层局部裂缝应加以区别结构沉降引起或抹灰层收缩引起；

4）面层爆裂：常见于混合砂浆抹灰中，主要是砂浆中含有未熟化的石灰粒，使用在抹灰层中后，吸收到潮气而产生爆裂。

（2）损坏原因

抹灰层的损坏原因是多方面的，但主要是施工质量，自然因素，以及人为的使用不当而引起的。

1）施工质量的影响

① 抹灰前对基层清理不够、墙体浇水不足、各层的抹灰间隔时间不当，未压实造成各分层之间没能粘结成整体；

② 灰浆配比不准、搅拌不均匀、胶结材料过期、砂子过细、砂中泥浆含量过大；

③ 抹灰后养护不当，夏天时未能及时浇湿面层，或冬季时未能做到防冻措施；

④ 修补后在新旧连接处发生裂缝。

2）自然因素的影响

① 结构变形，由于地基发生不均匀沉降或地震影响、墙体和抹灰面同时开裂；

② 胀缩，由于温度变化引起抹灰面的开裂；

③ 雨水浸蚀和冻融，由于抹灰面层存在细裂缝，雨水进入缝隙后在冬季时结冻膨胀，使缝隙增大，抹灰层脱离鼓起，甚至影响室内使用。

3）人为使用不当

① 由于管道没有维修，引起管道漏水，造成室内外墙面受水侵袭；维修人员进入顶棚检修时损坏顶棚，导致抹灰层开裂、脱落；

② 室内外墙体和顶棚通过的热力管道未加套管，使用时管子膨胀，使管子附近抹灰损坏；

③ 因抹灰面层都在外部，有时搬运家具、重物、车辆也易撞坏抹灰面层。

2. 抹灰工程的维修

（1）抹灰层脱落。如大面积脱落，为了便于施工，可将剩余的部分全部铲除重做；对局部损坏的抹灰层可用钢凿先将计划凿去的外围通凿一遍，以防计划的修补面积无谓扩大。

1）为了防止新旧抹灰之间干后产生细裂缝，因此在凿除损坏部分后的原抹灰接头处，必须凿得平直，与基层成直角，切忌产生波形，这样可防止接头产生裂缝。

2）凿除的基层面必须清理干净，浇水湿润，然后在原抹灰层接头处刷一层1:25水泥砂浆，加强新旧抹灰层之间的粘结。

3）严格按照抹灰层的分层要求抹浆，但需防止新抹的砂浆厚度决不能超过原抹灰层，以影响美观。

（2）空鼓修补。如对空鼓面积不大，而四周边缘连接牢固时可继续观察，暂不处理。对大面积的空鼓、脱皮时应全部铲除修补。

（3）裂缝的修补。裂缝的处理相对来讲有一定的难度，除了因结构沉降而引起的裂缝外，尽量避免开凿、补缝。防止造成原来的一条细裂缝变成两条，这样更影响使用美观。

1）细裂缝处理：避免开凿，使用与面层相同的材料抹嵌。如必须凿补时，可将裂缝凿成V字形，上口宽20mm以上，清除缝中垃圾，浇水湿润，采用高于原抹灰砂浆配比的砂浆分层嵌补，其中所说的分层嵌补应避免在一天内完成，以防干缩后又发生裂缝。

2）结构引起裂缝的处理：若抹灰面层与墙体同时开裂时，应先查出裂缝原因，由技术部门对沉陷或其他引起开裂的处理后，裂缝不再扩展方可凿补，否则补后仍将有裂缝出现。

（4）灰面爆裂的修补。对因生石灰熟化而引起的面层爆裂，其表面现象往往是突起一爆裂点，并不会引起其他损坏现象，因此仅需将突起点挑走，检查内部是否还有石灰粒存在，如无石灰粒渣时就可以进行修补。

3. 抹灰工程养护

（1）定期检查。每年至少一次，但对霉季、台风期间应加强检查。对顶棚、屋顶檐口、外墙抹灰应重点检查，以防抹灰层脱落伤人毁物；对窗台、腰线、勒脚处应注意是否损坏以免雨水渗漏进室内。

（2）不要在抹灰面层上乱钉、乱凿，注意抹灰面层平整。

（3）屋面检修油毡防水层时，应注意保护外檐抹灰面层避免被沥青污染。

8.4.2　饰面工程维修

饰面类是指利用各种天然石材或人造板、块，通过绑、挂或直接粘贴于基层表面的饰面做法。这类装修具有耐久性好、施工方便、装饰性强、质量高、易于清洗等优点。常用的贴面材料有陶瓷面砖、马赛克、剁斧石、铝塑板、花岗岩板、大理石板等。

1. 饰面工程中常见的损坏及原因

饰面工程中常见的损坏现象及原因：

1）饰面材料局部脱落，使用过程中饰面材料脱落、起壳，其主要原因是外墙面砖在粘贴前面砖浸水不当、底面不干净、粘贴不实，基层湿润不够、饰面砖之间（称灰缝）嵌缝不严密、冬季进水冻胀等因素造成；

2）饰面板与结合层粘贴牢固，但结合层与基层脱离；

3）饰面板与基层粘结牢固，但饰面有裂缝；饰面板与基层粘结牢固，但饰面有裂缝主要是由于墙体自身收缩变形而饰面产生裂缝；

4）饰面板掉角断裂，石材、瓷砖等饰面材料较脆弱，因此在使用过程中常常出现断裂或掉角的现象。

2. 饰面工程维修

（1）饰面材料局部脱落的维修

首先清理表面污渍、碱花质；然后可用水泥浆再次勾缝，或用环氧树脂按灰缝勾涂；对损坏严重处应凿除后再镶贴，面砖在铺贴前必须浸湿，切忌边贴边湿润，或者浸水时间过多使面砖的吸水率达到饱和点后，镶贴的面砖会游动影响美观，甚至当场掉落。

（2）饰面板结合层与基层脱离的维修

如局部脱落时，可将基底清理干净，如表面较光滑时可适当凿毛、浇水湿润按原工程做法修补；若有空鼓但与周围面层连接牢固时，可先将空鼓处用电吹风吹去灰尘，并可将内部水分吹干，用环氧树脂灌浆方法粘结。

（3）饰面有裂缝的维修

修理时用环氧树脂修补基层裂缝，如有相同的饰面材料时可用切割机和凿子挖去破损饰面板，再镶贴上去。

（4）饰面板掉角断裂的维修

对于该损坏现象常采用粘结修补：先将粘结面清洗干净，干燥后，在两个粘结面上均涂上0.5mm厚意大利进口阻锈剂，粘贴后，养护三天。粘结剂配好后宜在一个小时内用完。采用502胶粘结，在粘结面上滴上502胶后，稍加压力粘合，在15℃温度下，养护24小时即可。

3. 饰面工程的日常养护及检查

（1）对饰面工程要定期检查，检查时可用小锤轻击或观察墙面上可有水渍印的方法进行；

（2）重点检查外墙檐口、腰线、屋面部位的外墙、雨水管等。发现问题及时修补，以免冬季受损冻坏饰面；

（3）加强检查突出墙体的雨篷、阳台的结构是否稳固，并注意饰面有无破损；

（4）未经专业人员审查许可不得任意凿墙、打洞，防止损坏墙面装饰及结构；

（5）饰面应定期清洗，应选用与饰面板料相匹配的清洁剂，防止清洁剂中的强酸或强碱使饰面板变色、发花。

8.4.3 涂料类装饰工程维修

涂料饰面是指利用各种涂料敷于基层表面，形成完整牢固的膜层，起到保护物体和装饰美化等作用，又能防止被涂面受污染与融蚀，延长物品的使用寿命。是饰面装修中最简便的一种形式。常见的损坏现象及维修方法如下：脱皮。底层腻子强度不够，比较酥松，而面层结膜时产生的应力超过底层腻子，使面层膜失去附着力而产生卷皮；基层腻子打磨后粉尘没有清除干净，降低了与面层的附着力；基层腻子长期受潮，造成腻子酥松而面层脱皮。

治理方法：底层腻子与面层涂料要配套使用，涂刷过程中应时刻注意基层的粉尘清除。

涂料工程的日常养护：

（1）涂料工程易受污染，故清洗时应选用清水或清洁剂、擦拭；

（2）注意对涂料的保护，不随意乱钉，乱凿或铁器刮磨；

（3）搬运家具重物时应注意不要碰伤涂料；

（4）潮湿的房间要经常通风，以防止涂料受潮起皮。

涂料工程一般的涂饰流程如图8-29所示。

图8-29　涂料工程一般的涂饰流程示意图

（a）清理现场；（b）涂料搅拌均匀；（c）刷涂；（d）辊涂；（e）喷涂；（f）清洗用具

8.5　门窗工程的损坏及维修管理

8.5.1　木门窗的维修

1. 木门窗常见损坏及产生原因

（1）木门窗的变形

木门窗变形，一般存在门窗扇倾斜下垂、弯曲和翘曲、缝隙过大、走扇等现象，其主要原因有：

1）木门窗扇倾斜下垂

木门窗扇倾斜下垂的现象一般表现为：不带合页的立边一侧下垂，四角不成直角，门扇一角接触地面，或窗框和窗扇的裁口不吻合，造成开关不灵。造成其下垂的原因主要是：

① 制作时榫眼不正，装榫不严；

② 因受压门窗框倾斜变形，带动门窗扇受压变形；

③ 使用中用门窗扇挂重物，造成榫头松动，下垂变形。

2）弯曲和翘曲

木门窗扇的弯曲和翘曲的现象一般有：平面的纵向弯曲，有时是门窗框弯曲，有时是门窗的边框弯曲，使门窗变形开关不灵；门窗纵向和横向同时弯曲。关上门窗，四边仍有很大缝隙，而且宽窄不匀，使得插销、门锁变位，不好使用。其原因如下：

① 使用中受潮，湿胀干缩引起变形；

② 受墙壁压力或其他外力影响造成的门窗翘曲。

3）缝隙过大

此现象除上述原因外还有在制作时质量不合要求，留缝过大。

4）走扇

走扇的现象即门窗没有外力推动时会自行转动而不能停止在任何位置上。其原因如下：

① 门窗框安装不垂直，门窗扇随之处于不垂直状态，造成自开现象；

② 安装用的木螺丝顶帽大或螺丝顶帽没有拧入合页，当两面合页上的螺丝帽相碰，造成门窗扇自动开扇；

③ 由于门窗扇变形，使框与扇不合槽，经常碰撞。

（2）木门窗腐朽、虫蛀的原因

1）门窗框没有经过适当的防腐处理，使引起腐朽的木腐菌在木材中具备了生存条件；

2）采用易受白蚁、家天牛等虫蛀的马尾松、木麻黄、桦木、杨木等木材做门窗框扇，没有经过适当的防虫处理；

3）在设计施工中，细部考虑不周全不到位，如窗台、雨篷、阳台、压顶等没有做适当的流水坡度或未做滴水槽，使门窗框长期潮湿；

4）浴室、厨房等经常受潮气和积水影响的地方，没有及时采取相应措施；

5）木窗框（扇）油漆老化，没有及时涂刷养护。

2. 木门窗的维修及养护

（1）木门窗框（扇）变形的防治

1）将木材干燥到规定的含水率，即原木或方木结构应不大于25%；板材结构及受拉构件的连接板应不大于18%；通风条件差的木构件应不大于20%。

2）对要求变形小的门窗框，应选用红白松及杉木等制作。

3）掌握木材的变形规律，合理下锯，多出径向板。遇到偏心原木，要将平轮疏密部分分别锯割，在截配料时，要把易变形的阴面部分木材挑出不用。

4）门窗框重叠堆放时，应使底面支承点在一个平面内，并在表面覆盖防雨布，防止翘曲变形。

5）门窗框在立框前应在靠墙一侧涂上底子洞，立框后及时涂刷油漆，防止其干缩变形。

6）提高门窗扇的制作质量，打眼要方正，两侧要平整；开榫要平整，榫肩方正；手工拼装时，要拼一扇检查一扇，掌握其扭歪情况，在加楔子时适当纠正。

7）对较高、较宽的门窗扇，应适当加大截面，以防止木材干缩或使用时用力扭曲等。

8）使用时，不要在门窗扇上悬挂重物，对脱落的油漆要及时涂刷，以防止门窗受力或

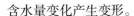

含水量变化产生变形。

9）选择五金规格要适当，安装要准确，以防止门窗扇下垂变形。

10）门窗框在立框前变形，对弓形反翘、边弯的木材可通过烘烤使其平直；立框后，可通过弯面锯口加楔子的方法，使其平直。

（2）木窗框（扇）腐朽、虫蛀的防治

1）在紧靠墙面和接触地面的门窗框脚等易受潮部位和使用易受白蚁、家天牛等虫蛀的木材时，要进行适当的防腐防虫处理。

2）加强设计施工中的细部处理，如注意做好窗台、雨篷、阳台、压顶等处的排水坡度和滴水槽。

3）在使用过程中，对老化脱落的油漆及时修护涂刷，一般以3～5年为油漆周期。

4）门窗脚腐朽、虫蛀时，可锯去腐朽、虫蛀部分，用小榫头对半接法换上新材，加固钉牢。新材的靠墙面必须涂刷防腐剂，搭接长度不大于20cm。

5）门窗梃端部腐朽，一般予以换新，如冒头榫头断裂，但不腐朽，则可采用安装铁曲尺加固；若门窗冒头腐朽，可以局部接修。

8.5.2　钢门窗的维修

1. 钢门窗常见损坏及产生原因

（1）钢门窗变形的原因及防治

1）钢门窗变形的原因

① 制作安装质量低劣，存在翘曲、焊接不良等情况，使用日久变形；

② 安装不牢固，框与墙壁结合不严密，不坚实，致使框与墙壁产生裂缝；

③ 地基基础产生不均匀沉降，引起房屋倾斜等，导致钢门窗变形；

④ 钢门窗面积过大，因温度升高没有胀缩余地；

⑤ 钢门窗上的过梁刚度或强度不足，使钢门窗承受过人压力而变形；

⑥ 运输过程中处理不当摔碰、扭伤以致配件脱落丢失等。

2）钢门窗变形的防治

① 提高钢门窗的制作安装质量，对钢门窗面积过大的，应考虑其胀缩余地；

② 当外框弯曲时，先凿去粉刷装饰部分，将外框敲正。敲正时，应垫以硬木，用锤轻轻敲打，并注意不可将扇敲弯；

③ 内框"脱角"变形，放在正确位置后，重新焊固，内框直料弯曲时用衬铁会直；

④ 凡焊接接头在刷防锈漆前须将焊渣铲清。要求较高时，可用手提砂轮机把焊缝磨平，接换的新料必须涂防锈漆二度。

（2）钢门窗锈蚀和断裂的原因及防治

1）钢门窗锈蚀和断裂的原因

① 没有适时对钢门窗涂刷油漆；

② 外框下槛无出水口或内开窗腰头窗无坡水板；

③ 厨房、浴室等易受潮的部位通风不良；

④ 钢门窗上油灰脱落，钢门窗直接暴露于大气中；

⑤ 钢窗合页卷轴因潮湿、缺油而破损等。

2）钢门窗锈蚀和断裂的防治

① 对钢门窗要定时涂刷油漆，对脱落的油漆要及时修补；

② 对厨房、浴室等易受潮的地方，在设计时要考虑改善通风条件；

③ 外窗框料锈蚀严重的，应锯去锈蚀部分，用相同窗料接换，焊接牢固；外框直料下部与上槛同时锈蚀时，应先接脚，再断下槛料焊接；

④ 内框局部锈蚀严重时，换接相同规格的新料；

⑤ 钢窗玻璃油灰脱落时，先将旧油灰清理干净，然后用油灰重新嵌填。

2. 合金、塑钢门窗维修

铝合金、塑钢门窗的损坏主要表现在开启不灵和渗水两方面。

（1）铝合金门窗开启不灵的原因和防治

1）铝合金、塑钢门窗开启不灵的原因

① 轨道弯曲、两个滑轮不同心，互相偏移及几何尺寸误差较大；

② 框扇搭接量小于80%，且未作密封处理或密封条组装错误；

③ 门扇的尺度过大，门扇下坠，使门扇与地面的间隙小于规定量2cm；

④ 平开窗窗铰松动，滑块脱落，外窗台超高等。

2）铝合金、塑钢门窗开启不灵的防治

① 门窗扇在组装前按规定检查质量，并校正正面、侧面的垂直度、水平度和对角线；调整好轨道，两个滑轮要同心，并正确固定；

② 安装推拉式门窗扇时，扇与框的搭接量不小于80%；

③ 开启门窗时，方法要正确，用力要均匀，不能用过大的力进行开启；

④ 窗框、窗扇及轨道变形，一般应进行更换；

⑤ 扇铰变形，滑块脱落等，可找配件进行修复等。

（2）铝合金门窗渗水的原因和防治

1）铝合金门窗渗水的原因

① 密封处理不好，构造处理不当；

② 外层推拉门窗下框的轨道根部没有设置排水孔；

③ 外窗台没有设排水坡或外窗台流水的坡度反坡；

④ 窗框四周与结构有间隙，没有用防水嵌缝材料嵌缝。

2）铝合金门窗渗水的防治

① 横竖框的相交部位，先将框表面清理干净，再注上防水密封胶封严；

② 在封边和轨道的根部钻直径2mm的小孔，使框内积水通过小孔尽快排向室外；

③ 外窗台流水坡反坡时，应重做流水坡，使流水形成外低内高，形成顺水坡，以利于排水；

④ 窗框四周与结构的间隙，可先用水泥砂浆嵌定，再涂上一层防水胶。

某物业公司门窗损坏投诉登记表见表 8-2。物业维修门窗如图 8-30 所示。

某物业公司门窗损坏投诉登记表　　　　　　　　表 8-2

房屋代码	投 诉 内 容
8-1101	塑钢：北边窗户往内墙渗水，靠东边外墙渗水
5-1-1002	塑钢：纱门有问题
4-2-201	塑钢：书房窗户推不动，厨房门有摩擦
3-1-401	塑钢：后阳台门不好开关
24-2-502	塑钢：大阳台纱窗不好开关
2-3-401	塑钢：纱窗推不动
23-2-502	塑钢：北面纱窗破损
2-2-401	塑钢：纱门推不动
14-2-601	塑钢：主卫窗户倾斜
14-2-501	塑钢：窗户玻璃松动差金属条
14-1-302	塑钢：阳台纱门一推就掉
14-1-1001	塑钢：主卧室八角窗把手短
13-1-201	塑钢：纱门脱落
12-1-401	塑钢：八角窗无把手
12-1-1102	塑钢:阁楼塑钢门有问题
11-3-402	塑钢：小阳台纱门关不严
11-3-1002	塑钢：纱窗有问题
11-1-701	塑钢：纱门短了，脱落
11-1-601	塑钢：八角窗手柄松动
11-1-1101	塑钢：窗户不好开关，纱窗短了

图 8-30　物业维修门窗

知识梳理与总结

物业管理过程中，对于房屋装饰工程的维修主要常见的内容包括楼地面工程、墙面装饰工程以及门窗工程等三大部分，其中小修项目一般都由物业公司工程部人员来完成，因此本章就这三个方面的损坏原因维修方法等进行讲解。地面工程根据使用的装饰材料的不同可分为水泥混凝土地面、水磨石地面、瓷砖地面、大理石地面、木地板等。物业公司主要负责维修的地面为室外和公共部位的地面，该部分经常使用水泥、水磨石以及瓷砖和大理石。墙面装饰部分损坏会直接影响室内外环境美观也会直接影响物业的价值，物业公司要定期对主要建筑外立面、公共部位墙面损坏装饰工程进行维修，以保持建筑外观崭新与整洁。

练习与思考题

1. 简述水磨石地面的构造做法。

2. 常用的墙面装饰有哪些类别？各自的特点和构造做法怎样？

3. 墙面装修起什么作用，分为哪几类？各举2~3实例绘图说明其构造特点及适用范围。

4. 常用块材地面有哪几种？特点及适用范围如何？

5. 平开门的组成和门框的安装方式是什么？

6. 简述塑钢门窗的优点。

7. 简述各种地面常见缺陷和维修方法。

8. 地面裂缝和空鼓的维修程序是什么？

9. 水磨石地面常见的损坏现象有哪些？如何维修？

10. 试述外立面各种装饰工程常见缺陷。

11. 外立面瓷砖空鼓脱落的修理方法是什么？

12. 简述各种门窗的常见缺陷和维修方法。

13. 如何做好地面、墙面和门窗工程的日常养护工作？

房屋工程维修预算 9

了解房屋管理预算工作的程序和方法，了解维修工程成本控制的方法。

9.1　职场案例

1.案例引入

小区交房已经2年多了，最近三区A栋的一些业主反映A栋建筑的外墙因雨水冲刷外墙涂料脱落，严重影响外观并会影响外墙防水，要求进行外墙的修补和粉刷。业主们还听说房屋防水过了2年保质期后的维修费用要由业主使用住房维修基金来支付，但修补和粉刷A栋的外墙究竟要花多少钱呢？业主们商量好一起到物业服务中心去询问一番。

接待业主们的是工程部的刘刚，因为刘刚在学校学习过房屋修缮预算的相关知识还做过房屋修缮预算任务的实训，就详细地与业主进行了解释。经过刘刚的一番解释，业主们明白了房屋修缮的维修费用根据国家的规定由好几部分组成，维修费用也是通过国家的规定的一定程序计算出来的，同时还涉及施工图纸、施工方案、当地的定额和物价水平等。

2.案例思考

1. 什么时候需要做房屋修缮预算？
2. 房屋修缮预算的费用由哪几部分组成？
3. 完成房屋修缮预算的三大步骤是什么？

物业在使用过程中，由于自然、设计、施工、人为等因素产生破坏，影响生产生活的正常进行，为保证物业发挥正常的功能，延长使用寿命，必须进行物业的维修与养护及房屋修缮。完成房屋修缮工作必然要消耗一定量的人工费用、材料费用和机械费用。因此在房屋修缮工程开工前，业主委员会或物业公司应预先计算完成修缮工程所需的全部费用。并以此费用总额作为该修缮工程承、发包双方核算工程款，最终确定修缮工程造价的依据。

修缮工程实际造价的确定，一般是在修缮工程预算的基础上，根据国家有关规定以及施工承包合同条件的约定，通过招投标竞争确定合同价，再根据施工中发生的变更因素对原合同价进行调整来实现的。

9.2　维修工程预算

9.2.1　房屋修缮工程预算的含义

如果你是物业管理公司的工程部的人员，小区业主反映小区住宅外墙破损，须进行维修，你应该怎么办？

先要现场了解情况，根据房屋图纸提出修缮方案，然后找施工单位商谈维修事宜，商谈的焦点就是维修报价，进场维修，进行房屋修缮预算，根据预算和最终的造价进行房屋维修基金的划拨。

房屋维修工程预算是指在工程开工前预先计算修缮工程造价的计划性文件。其主要作用是承、发包双方核算工程款，最终确定修缮工程造价的依据。修缮工程实际造价的确定，一般是在修缮工程预算的基础上，根据国家有关规定以及施工承包合同条件的约定，通过招标投标竞争确定合同价，再根据施工中发生的变更因素对原合同价进行调整来实现的。

房屋维修与保养是物业管理的一个重要组成部分，我国《物业管理条例》第五十三条规定："住宅物业、住宅小区内的非住宅物业或者与单幢住宅楼结构相连的非住宅物业的业主，应当按照国家有关规定交纳专项维修资金。专项维修资金属业主所有，专项用于物业保修期满后物业共用部位、共用设施设备的维修和更新、改造，不得挪作他用"。建设部和财政部1998年颁发的《住宅共用部位共用设施设备维修资金管理办法》规定："商品住房的维修基金全部由购房人缴纳，购房人应当按购房款2%～3%的比例向售房单位交纳维修基金"。专项维修基金的使用、续筹应由业主大会决定。由于专项维修资金属业主所有，物业管理企业支取专项维修资金进行相关维修活动，应向业主大会提交维修预算，供业主大会监督。

9.2.2　房屋修缮工程预算的费用构成

房屋修缮工程费用由直接费、间接费、利润和税金构成，即房屋修缮工程费用＝直接费＋间接费＋利润＋税金。以湖北省为例，具体费用构成如图9-1所示。

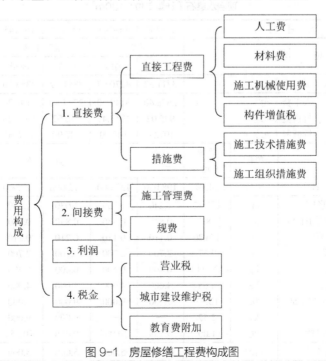

图 9-1　房屋修缮工程费构成图

9.2.3 房屋修缮工程预算的编制步骤（图 9-2）

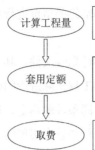

计算工程量 → 根据房屋维修图纸及相应的维修方案，对照修缮预算定额基价表（估价表）中的工程量计算规则计算修缮工程完成所需的工程数量

套用定额 → 查阅房屋维修工程所在地省或直辖市建设厅编制的当期房屋修缮预算定额基价表（估价表），找到具体维修工程对应的预算定额基价，计算出维修工程的直接工程费和施工技术措施费

取费 → 查阅房屋维修工程所在地省或直辖市建设厅编制的当期相关工程费用定额，找到房屋修缮工程取费标准

图 9-2　修缮工程预算工作程序

定额："定"就是规定，"额"就是额度或数量，在建筑工程中，定额是指在正常的（施工）生产条件下，完成单位合格产品所必须消耗的人工、材料、机械的数量标准。根据工程所涉及的专业不同，定额主要分为建筑工程定额、安装工程定额、市政工程定额、修缮工程定额等。根据制定定额的主体不同，定额主要分为全国统一定额、行业统一定额、地区统一定额、企业定额等。我们在房屋维修预算工作中常采用的是地区的修缮工程定额，例如湖北省的房屋维修工程采用的定额是《湖北省房屋修缮工程预算定额统一基价表》。

以《湖北省房屋修缮工程预算定额统一基价表》为例，包括总说明、各章说明、各章工程量计算规则和定额统一计价表四部分。

其中以第十五章墙、柱面工程第三节装饰抹灰中现浇水磨石的定额统一基价表为例说明定额计价表的格式和内容，见表 9-1。

现浇水磨石（计量单位：100m²）　　　　　　　　　　　　　　表 9-1

定额编号			15-142	15-143	15-144	15-145	15-146	15-147
项目			砖墙		混凝土墙		方柱	圆柱
			中级	高级	中级	高级		
基价（元）			3711.32	4270.97	3841.52	4353.30	4350.40	4739.72
其中		人工费（元）	2678.40	3149.60	2777.60	3199.20	3124.80	3496.80
		材料费（元）	935.02	1013.47	956.02	1046.20	1096.12	113.44
		机械费（元）	107.90	107.90	107.90	107.90	129.48	129.48
	名称	单位	单价（元）	数量				
人工	综合工日	工日	24.80	108.000	127.000	112.000	129.000	126.000	141.000
材料	水泥砂浆1:3	m³	171.72	1.240	1.750	1.030	1.550	1.190	1.190
	水泥白石子浆1:1.25	m³	578.57	0.830	0.830	0.830	0.830	0.980	0.980
	水泥浆	m³	436.20	0.110	0.110	0.210	0.210	0.110	0.210
	硬蜡	kg	9.57	2.700	2.700	2.700	2.700	3.100	3.100
	油石	kg	25.11	0.400	0.400	0.400	0.400	0.400	0.400
	草酸	kg	4.63	4.000	4.000	4.000	4.000	13.400	13.400
	金刚石200×75×50	块	13.37	9.000	9.000	9.000	9.000	10.300	10.300
	火碱	kg	2.57	—	—	9.000	9.000	10.300	—
	其他材料费	元	1.00	9.159	10.034	9.466	10.358	10.853	11.024
机械	磨石机3kW	台班	21.58	5.000	5.000	5.000	5.000	6.000	6.000

由表可知，用水磨石对混凝土墙进行中级装饰，每完成100m²墙面的水磨石装饰，消耗的人工工日数量是112个工日，消耗的材料数量分别是：水泥砂浆（1：3）1.03m³；水泥白石子浆（1：1.25）0.83m³；水泥浆0.210m³；硬蜡2.7kg；油石0.4kg；草酸4kg；金刚石（200×75×50）9块；火碱9kg；其他材料费9.466元，消耗的机械数量是磨石机（3kW）5个台班。

同时由表可知，用水磨石对混凝土墙进行中级装饰，每完成100m²墙面的水磨石装饰，消耗的人工费是2777.60元，消耗的材料费是956.02元，消耗的机械费是107.9元，消耗的直接工程费是3841.52元。

9.2.4 房屋维修预算实例

1. 屋面渗漏维修的预算

例：某市市区住宅楼屋面（图9-3、图9-4）原屋面防水具体做法为：在空心楼板上抹水泥砂浆找平层，直接做二毡三油绿豆砂。经过多年使用，现根据现场勘查，防水层严重破损，需进行修缮，修缮施工方案是：

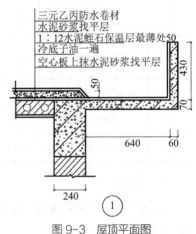

图9-3 屋顶平面图

（1）铲除原防水层；

（2）在水泥砂浆找平层上刷冷底子油一遍，做隔汽层；

（3）现浇1：12水泥蛭石保温层（坡度为1.5%）；

（4）水泥砂浆找平层20mm厚；

（5）做新型三元乙丙防水卷材屋面。

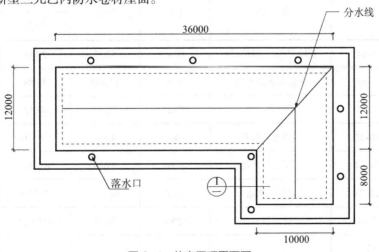

图9-4 住宅屋顶平面图

解：根据房屋修缮工程预算的编制步骤

1）计算工程量

计算工程量需根据所使用的当地预算定额中的说明和工程量计算规则来计算。如该地区

《房屋修缮工程消耗量定额及统一基价表》的《说明》指出修补防水工程定额系指工程量单块面积在10m²以内的项目，超过10m²时分别执行拆除工程和新做防水工程。《工程量计算规则》指出屋面的拆除按屋面的实拆面积以平方米为单位计算，各种防水做法的屋面工程量按实做防水面积以平方米为单位计算（表9-2）。

屋面渗漏修缮工程量计算表　　　　　　　　　　表9-2

序号	项目名称	单位	数量	计算式
1	铲除二毡三油绿豆沙	10m²	52.55	（36＋0.24）×（12＋0.24）＋8×（10＋0.24）＝525.50
2	铲除檐沟防水层	10m	11.552	（36＋0.24＋0.64）×2＋（12＋8＋0.24＋0.64）×2＝115.52
3	刷冷底子油	10m²	52.550	（36＋0.24）×（12＋0.24）＋8×（10＋0.24）＝525.50
4	现浇水泥蛭石	10m³	4.931	525.5×0.05＋6.12×0.015×0.5×12.24×31.12＋ 5.12×0.015×0.5×10.24×14.12＝49.31
5	保温层上做找平层	100m²	5.633	525.5＋（36.24＋20.24）×0.64＋0.64×0.64×4＝563.29
6	卷材防水层	10m²	61.365	563.29＋（36＋0.64×2＋20＋0.64×2）×2×0.43＝613.65
7	铲除垃圾外运	100m³	0.063	［525.50＋115.52×（0.64＋0.25）］×0.01＝6.283

2）套定额

查阅该地区《房屋修缮工程消耗量定额及统一基价表》，套用相关定额，计算直接工程费（表9-3）。

住宅修缮工程直接工程费计算表　　　　　　　　　表9-3

序号	定额编号	项目名称	单位	数量	基价（元）	
					单价	合价
1	1-54	铲除二毡三油绿豆沙	10m²	52.55	20.83	1094.62
2	1-55	铲除檐沟防水层	10m	11.552	14.88	171.89
3	11-3	刷冷底子油	10m²	52.550	44.15	2320.08
4	10-57	现浇水泥蛭石	10m³	4.931	3333.16	16435.81
5	14-34	保温层上做保温层	100m²	5.633	660.96	3723.19
6	11-28	卷材防水层	10m²	61.365	462.70	28393.59
7	2-47	铲除垃圾外运	100m³	0.063	1550.29	97.67
直接工程费						52236.85

3）取费

取费主要是计算施工组织措施费、间接费、利润和税金，取费的依据是当地相关工程的费用定额。如例中该地区当期的房屋修缮工程费用定额取费标准见表9-4。

××省房屋修缮工程取费标准   表 9-4

一、施工组织措施费

1. 安全文明施工费   单位：%

专业工程	建筑工程 装饰装修工程	爆破工程	安装工程
计费基础	直接工程费＋技术措施直接工程费		人工费＋机械费
费率	2.70	2.65	9.35

2. 其他组织措施费

专业工程	建筑工程、装饰装修工程、爆破工程	安装工程
计算基础	直接工程费＋技术措施直接工程费	人工费＋机械费
综合费率	0.60	1.90

二、间接费

1. 企业管理费   单位：%

专业工程	建筑工程 装饰装修工程	爆破工程	安装工程
计费基础	直接费		人工费＋机械费
费率	3.25	4.65	12.00

2. 规费   单位：%

专业工程	建筑工程 装饰装修工程	爆破工程	安装工程
计费基础	直接费＋企业管理费＋利润＋其他项目费＋价差		人工费＋机械费
费率	3.85		10.80

三、利润   单位：%

专业工程	建筑工程 装饰装修工程	爆破工程	安装工程
计费基础	直接费＋价差		
费率	5.15		

四、税金   单位：%

纳税人地区	纳税人所在地在市区	纳税人所在地在县城、镇	纳税人所在地 不在市区、县城或镇
计税基数	不 含 税 工 程 造 价		
综合税率	3.41	3.35	3.22

接下来根据上述取费标准和表9-2、表9-3计算该维修工程所需花费的全部费用，即工程造价（表9-5）。

修缮工程工程造价计算表　　　　　表9-5

序号	项 目		计算方法	金额（元）
1	直接费	直接工程费	∑（定额单价×工程量）	52236.85
2		施工技术措施费	∑（定额单价×工程量）	0
3		施工组织措施费	（1+2）×费率	（52236.85+0）×（2.7+0.6）%=1723.82
4	间接费	企业管理费	（1+2+3）×费率	（52236.85+0+1723.82）×3.25%=1753.72
5		规费	（1+2+3+4+6）×费率	（52236.85+0+1723.82+1753.72+2778.97）×3.85%=2251.99
6		利润	（1+2+3）×费率	（52236.85+0+1723.82）×5.15%=2778.97
7		税金	（1+2+3+4+5+6）×费率	（52236.85+0+1723.82+1753.72+2778.97+2251.99）×3.41%=2071.42
8		工程造价	∑（1+2+3+4+5+6+7）	52236.85+0+1723.82+1753.72+2778.97+2251.99+2071.42=62816.77

由表9-5得到该住宅屋面渗漏维修工程的工程造价为62816.77元。

由以上的实例我们可以看出，完成维修预算的三大步骤：计算工程量、套定额和取费。对于不同维修方案的预算，取费的程序是相同的，因此预算的关键在于前两步：计算工程量和套定额。

注：以下实例仅处理前两步。

2. 小区管道维修的预算

物业小区某处地下排水管道破裂，需开挖进行维修，开挖面沿管道走向长10m，开挖断面如图9-5所示，放坡系数1∶0.5，地下1.5m开始有地下水，管径700mm，土质为黏性砂土，求开挖及回填的工作量，并套用相关定额。

图9-5　管沟开挖断面图

（1）计算工程量

计算工程量需根据所使用的当地预算定额中的说明和工程量计算规则来计算。如该地区《房屋修缮工程消耗量定额及统一基价表》的《工程量计算规则》指出土方体积均以天然密实体积为准计算，回填土按图示回填体积以体积计算，管道沟槽回填应扣除管径200mm以上管道、基础、垫层和各种构筑物所占的体积。

管道修缮工程量计算表　　　　　表9-6

序号	项目名称	单位	数量	计算式
1	人工挖沟槽（一类土）	m³	15.4	[（1.5+1.5+1.4×0.5/1×2）×1.4/2−π×0.7²]×10=15.4
2	人工填土夯实	m³	15.4	[（1.5+1.5+1.4×0.5/1×2）×1.4/2−π×0.7²]×10=15.4

（2）套定额

查阅该地区《房屋修缮工程消耗量定额及统一基价表》，套用相关定额，计算直接工程费。

管道维修工程直接工程费计算表　　　　　　　　表9-7

序号	定额编号	项目名称	单位	数量	基价（元）	
					单价	合价
1	3-1	人工挖沟槽（一类土）	m³	15.4	6.89	106.11
2	3-18	人工沟槽回填土夯实	m³	15.4	8.12	125.05
直接工程费						231.16

3. 小区住宅散水维修的预算

某住宅室外散水坡损坏严重，需全部拆除，按原样重新施工，相关情况如图 9-6、图 9-7所示。

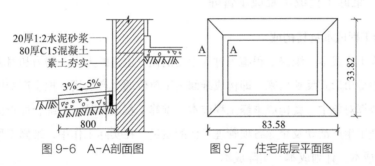

图 9-6　A-A剖面图　　　　图 9-7　住宅底层平面图

（1）计算工程量

计算工程量需根据所使用的当地预算定额中的说明和工程量计算规则来计算。如该地区《房屋修缮工程消耗量定额及统一基价表》的《工程量计算规则》指出地面的拆除（重做）按照水平投影面积以平方米计算，地面垫层拆除（重做）按照水平投影面积乘以厚度以立方米计算（表9-8）。

管道修缮工程量计算表　　　　　　　　表9-8

序号	项目名称	单位	数量	计算式
1	拆除水泥砂浆面层	m²	185.28	83.58×33.82－（83.58－0.8×2）×（33.82－0.8×2）＝185.28
2	拆除素混凝土垫层	m³	14.822	185.28×0.08＝14.822
3	素混凝土垫层	m²	14.822	14.822
4	水泥砂浆面层	m³	185.28	185.28

（2）套定额

查阅该地区《房屋修缮工程消耗量定额及统一基价表》，套用相关定额，计算直接工程费（表9-9）。

管道维修工程直接工程费计算表 表 9-9

序号	定额编号	项目名称	单位	数量	基价（元）	
					单价	合价
1	1-115	拆除水泥砂浆面层	m²	185.28	1.97	365.00
2	1-124	拆除素混凝土垫层	m³	14.822	61.50	911.55
3	16-23	素混凝土垫层	m³	14.822	115.46	1711.35
4	16-39	水泥砂浆面层	m²	185.28	15.02	2782.91
直接工程费						5770.81

9.3 维修工程成本管理

9.3.1 维修工程成本及成本管理

1. 维修工程成本及其构成

（1）维修工程成本。维修工程施工过程中要消耗一定量的人力、物力和财力，把施工中的这种消耗用货币形式反映出来，即构成维修施工单位的生产费用，把生产费用归集到各个成本项目和核算对象中，就构成维修工程成本。维修工程成本是一个综合性指标，能全面反映维修工程施工生产活动及企业各项管理工作的质量。在实际工作中，维修工程成本又可分为3类：预算成本、计划成本、实际成本。

1）预算成本。是按维修工程预算定额和各项取费标准计算的预算造价。预算成本项目包括人工费、材料费、施工机械使用费、其他直接费、现场管理费、临时设施费、间接费和计划利润。这些费用构成已完工程的全部造价。

2）计划成本。是指为了有步骤地降低维修工程成本而编制的内部控制的具体计划指标。

3）实际成本。是维修工程实际支出的生产费用的总和。它反映维修工程成本耗费的实际水平，必须按规定正确核算工程成本，准确地反映维修工程的实际耗费，从而为成本分析提供可靠资料。

预算成本是维修工程价款的结算依据，也是编制成本计划和衡量实际成本水平的依据。计划成本和实际成本反映的是维修企业的成本水平，它受企业自身的生产技术、施工条件和生产管理水平的制约。预算成本和实际成本比较，可以反映维修工程实际盈亏情况；实际成本和计划成本比较，可以考核成本计划各项指标的完成情况。

（2）维修工程成本构成。为了了解各种生产费用情况，监督生产费用的支出，合理组织工程成本核算，必须对生产费用进行科学分类，并考虑使工程实际成本能与预算成本相比较。因此，实际成本项目所包含的内容，应和各项预算成本项目所包含的内容相一致。维修工程成本的构成如下：

1）直接成本。指维修工程施工过程中直接耗费的构成工程实体或有助于工程形成的各项支出，包括直接人工费、直接材料费、直接机械费、临时设施费和其他直接费。

2）间接成本。指施工企业的项目经理部（作业层）为施工准备、组织和管理施工生产活动所发生的全部施工间接费支出。包括现场管理人员的人工费、管理用材料费、资产使用费、工具用具使用费、保险费、工程保修费和其他费用等。

维修工程预算造价中的间接费，属于企业管理层发生的经营管理费用，不属于成本的范畴。

2. 成本管理的概念及其任务

维修工程成本管理是物业管理公司（或维修施工企业）为降低维修工程成本而进行的各项管理工作的总称。成本管理是企业经营管理的重要组成部分，企业各项管理工作都同成本管理有着紧密的联系，都会反映到成本上。因此，加强成本管理，不仅能够节约费用，而且能改善企业经营管理工作。

成本管理的基本任务就是保证降低成本，通过对维修工程施工中各项耗费进行预测、计划、控制、核算、分析和考核，以便用最少的消耗取得最优的经济效果。成本管理的任务具体表现在以下几方面：

（1）做好成本计划，严格进行成本控制。认真编好成本计划，把降低成本的指标、措施层层落实到各职能部门和各环节上去，并通过承包等方法和职工的物质利益挂起钩来，真正调动起职工的积极性，努力降低消耗，节约开支。在施工中严格进行成本控制，保证一切支出控制在计划成本内。

（2）做好成本管理的基础工作。加强定额管理，建立健全原始记录、计量与检验制度，建立健全成本管理责任制。

（3）加强维修成本核算与分析。通过成本核算与分析，可以及时找出存在的问题，了解各项成本费用节约或超支的情况，找出原因，有针对性地提出解决问题的办法，及时总结成本管理工作的经验，促使企业经营管理水平的提高。

9.3.2　维修工程成本管理工作内容

维修工程成本管理的工作内容一般包括：成本预测、成本计划、成本控制、成本核算以及成本分析和考核。

1. 成本预测

成本预测是加强成本事前管理的重要手段。成本预测的目的，一方面为企业降低成本指出方向；另一方面确定目标成本，为企业编制成本计划提供依据。

成本预测应在大量收集进行预测所需的历史资料和数据的基础上，采用科学方法进行，并和企业挖掘潜力、改进技术组织措施相结合。成本预测的主要目的是确定目标成本，并根据降低成本目标提出降低成本的各项技术组织措施，不断挖掘降低成本的潜力，使各项技术组织措施确实保证达到或超过降低成本目标的要求。

2. 成本计划

房屋维修成本计划是以货币形式规定计划期内房屋维修工程的生产耗费和成本水平，以及为保证成本计划实施所采取的主要方案。编制成本计划就是确定计划期的计划成本，是成本管理的重要环节。

（1）成本计划的作用

1）成本计划是企业日常控制生产费用支出，实行成本控制的主要依据。通过编制成本计划，事先审查费用的支出是否合理，从而在降低成本方面增强预见性。

2）成本计划可以为全体职工在降低成本方面指出目标和方向，有利于调动职工的积极性，采取有效措施降低成本。

3）降低成本是企业利润的主要来源，成本计划是企业利润计划的重要依据。

（2）成本计划编制的程序

1）收集、整理、分析资料。为了使编制的成本计划有科学的依据，应对有关成本计划的基础资料全面收集整理，作为编制成本计划的依据。主要有：

① 计划期维修工程量、工程项目等技术经济指标；

② 上年度成本计划完成情况及历史最好水平；

③ 计划期内维修生产计划、劳动工资计划、材料供应计划及技术组织措施计划等；

④ 上级主管部门下达的降低成本指标和建议；

⑤ 施工图纸、定额、材料价格、取费标准等。

2）成本指标的试算平衡。在整理分析资料的基础上，进行成本试算平衡，测算计划期成本降低的幅度，并把它同事先确定的降低成本目标进行比较。如果不能满足降低成本目标的要求，就要进一步挖掘降低成本的潜力，直到达到或超过降低成本目标的要求。

3）编制成本计划。经过成本试算平衡后，由企业组织有关部门编制成本计划，同时将降低成本指标分解下达到各职能部门和各有关环节上。

3. 成本控制

成本控制就是在维修生产施工过程中，依据成本计划，对实际发生的生产耗费进行严格计算，对成本偏差进行经常的预防、监督和及时纠正，把成本费用限制在成本计划的范围内，以达到预期降低成本的目标。

（1）直接成本的控制方法。直接成本是直接耗用在工程上的各种费用，包括人工费、材料费、机械使用费和其他直接费等。为了控制直接成本，除了要控制材料采购成本外，最基本的是在维修施工过程中，落实降低成本的技术组织措施，经常把实际发生的各种直接费用与各种消耗定额及预算中各相应的分部分项工程的目标成本进行对比分析，及时发现实际成本和计划成本的差异，并找出成本差异发生的因素和主客观原因，采取有效措施加以改正。

（2）间接成本采用指标分解、归口管理的方法。间接成本是企业各个施工项目上管理人员和职能部门为了组织、管理维修工程施工所发生的各种管理费用，即现场管理过程中发生的费用。该费用项目多而杂，并且与工程施工无直接联系，所以一般采用指标分解归口管理

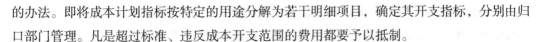

的办法。即将成本计划指标按特定的用途分解为若干明细项目，确定其开支指标，分别由归口部门管理。凡是超过标准、违反成本开支范围的费用都要予以抵制。

（3）建立成本管理制度。建立成本管理制度，是成本控制的一个重要方面。根据分工归口管理的原则，建立成本管理制度，使各职能部门都来加强成本的控制与监督。工程部门负责组织编制维修施工生产计划，搞好施工安排，确保维修工程顺利开展；技术部门负责制定与贯彻技术措施计划，确保工程质量，加速施工进度，节约用工用料，确保施工安全，防止发生事故；合同预算部门负责办理工程合同、协议的签订，编制或核定施工图预算，办理年度结算和竣工结算；材料供应部门负责编制材料采购、供应计划，健全材料的收、发、领、退制度，按期提供材料耗用和结余等有关成本资料，归口负责降低材料成本；劳动人事部门负责执行劳动定额，改善劳动组织，提高劳动生产率，负责降低人工费；财会部门负责落实成本计划，组织成本核算，监督考核成本计划的执行情况，对维修工程的成本进行预测、控制和分析，并制定本企业的成本管理制度；行政管理部门负责制定和执行有关的费用计划和节约措施，归口负责行政管理费节约额的实现。

4. 成本核算

成本核算的目的就是要确定维修工程的实际耗费，考核维修工程的经济效果。为了正确地对维修工程成本进行核算，必须合理地划分成本核算对象。

（1）成本核算对象划分的原则。一般应以施工图预算所列的单位工程为划分标准，并结合施工管理的具体情况来确定。成本核算对象一般按以下原则划分：

1）以每一独立编制施工图预算的单位工程为成本核算对象；

2）翻建、扩建的大修工程应以工程地点、一个门牌院或一个地点几个门牌院的开、竣工时间接近的工程合并为一个核算对象；

3）维修、零修、养护工程应以物业管理公司统一划分的维修片和零修养护班组为核算对象。

维修工程成本核算对象一经确定后，各有关部门不得任意变更。所有的原始记录，都必须按照确定的成本核算对象填写清楚，以便归集各个成本核算对象的生产费用和计算工程成本。为了集中反映各个成本核算对象本期应负担的费用，财会部门应该为每一成本核算对象设置工程成本明细账，以便组织各成本核算对象的成本计算。

（2）成本核算的基本要求。为充分发挥成本核算的作用，在进行成本核算时，应遵循下列基本要求：

1）加强对费用支出的审核和控制。审核费用是否应该发生，已经发生的费用是否应计入维修工程成本；在费用发生过程中，对各种耗费进行指导、限制和监督，使费用支出控制在定额或计划要求内。

2）正确划分各种费用的界限。严格遵守成本、费用的开支范围，正确划分应计入成本和不应计入成本的界限，划分当期费用与下期费用的界限；划分不同成本核算对象之间的成本界限等。

3）做好各项基础工作。做好消耗定额的制定和修改工作；建立健全原始记录；加强计量和验收工作；建立健全各种财产物资的收发、领退、报废、盘点等制度。

5. 成本分析与考核

成本分析是在成本形成过程中，对维修工程施工耗费和支出进行分析、比较、评价，为今后成本管理工作指明方向。成本分析主要是利用成本核算资料及其他有关资料，全面分析、了解成本变动情况，找出影响成本升降的各种因素及其形成的原因，寻找降低成本的潜力。通过成本分析，可以正确认识和掌握成本变动的规律性；可以对成本计划的执行过程进行有效的控制；可以定期对成本计划执行结果进行分析、评价和总结，为成本预测、编制成本计划提供依据。

成本考核是指定期对维修工程预算成本、计划成本及有关指标的完成情况进行考核、评比。成本考核的目的在于充分调动职工降低成本的主动性和自觉性，进一步挖掘潜力。成本考核应和企业的奖惩制度挂起钩来，调动职工积极性，以利于节约开支、降低成本，取得更好的经济效益。

知识梳理与总结

房屋修缮预算是指在房屋修缮工程开工前，预先计算完成房屋修缮工程所需的全部费用。房屋修缮工程费用包括直接费、间接费、利润和税金。房屋修缮预算的计算包括计算工程量、套用定额、取费等三大步骤。要将房屋修缮预算做得准确，应具备看懂图纸、熟悉施工程序和把握行业市场行情等能力，以及对维修成本进行有效控制和管理。

练习与思考题

1. 什么是房屋修缮预算？物业企业在工作的哪些环节会进行房屋修缮预算？

2. 做一份准确的房屋修缮预算需要哪些工程类相关基础知识？

3. 房屋修缮预算的费用由哪几部分组成？

4. 房屋修缮预算的步骤是哪几步？

5. 到附近小区实地考察房屋公共部位损坏情况，并做出相应的房屋修缮预算。

6. 维修成本管理工作内容包括哪些？

房屋构造与维修实训 10

掌握不同类型的房屋质量验收（前期介入、住宅工程分户质量验收、接管验收、交房等）的工作程序及验收要点；掌握房屋装修管理图纸审核的要点及房屋装修管理的工作方法；熟悉完损等级评定标准及评定方法。

10.1 职场案例分析

红郡项目是公司刚刚接管的一个高档住宅项目，开发商已和刘刚所在的物业公司签订了物业前期介入合同，刘刚被派到红郡工程部配合开发商监控房屋质量，在工程部经理建议下刘刚收集了房屋质量控制方面的资料，他在学习过程中有几个方面的问题：

（1）工程建设过程中房屋质量监控的部门都有哪些？物业公司如何与他们配合？

（2）房屋质量监控的环节有哪些？ 物业公司可以介入的验收环节有哪些？

（3）竣工验收、分户质量验收、接管验收的联系和区别是什么？

10.2 前期介入工作实训

10.2.1 实训任务

（1）某物业项目的一套图纸，如图 10-1～图10-16所示，分别为小区规划总平面图、1～6层平面图、立面、剖面图。学生练习从物业的视角审视新建项目规划、功能、建筑的合理性，指出该项目规划设计的不足，从物业的增值、使用以及有利于物业管理等方面提出你认为可行的整改措施，填写实训任务单。

（2）结合学校某一栋建筑物找出该建筑物的损坏问题，在老师的指导下分析哪些损坏问题是可以通过物业的前期介入工作进行避免的，就这些问题写出物业前期介入阶段质量控制的方法和工作要点。

10.2.2 项目背景

本次实训涉及的物业项目位于鄂西，开发规模较大。整个项目分三期建设，第一期为经济适用房，被列为该市重要工作，整个小区建设申报国家康居示范工程小区。

该物业建设单位前期已开发过多项物业项目，自己组建了物业管理企业，为把这个项目建设好、经营好，该物业建设单位拟聘请有经验的物业管理企业担任项目的物业管理顾问，帮助解决前期的物业管理问题。

由于该地的房地产开发和物业管理水平相对落后，消费者的置业观念和物业管理意识和其他地区比较还有差异，房地产售价和物业管理收费都处于较低的水平，因此以下的物业管理者的分析都要基于这种现状来展开。

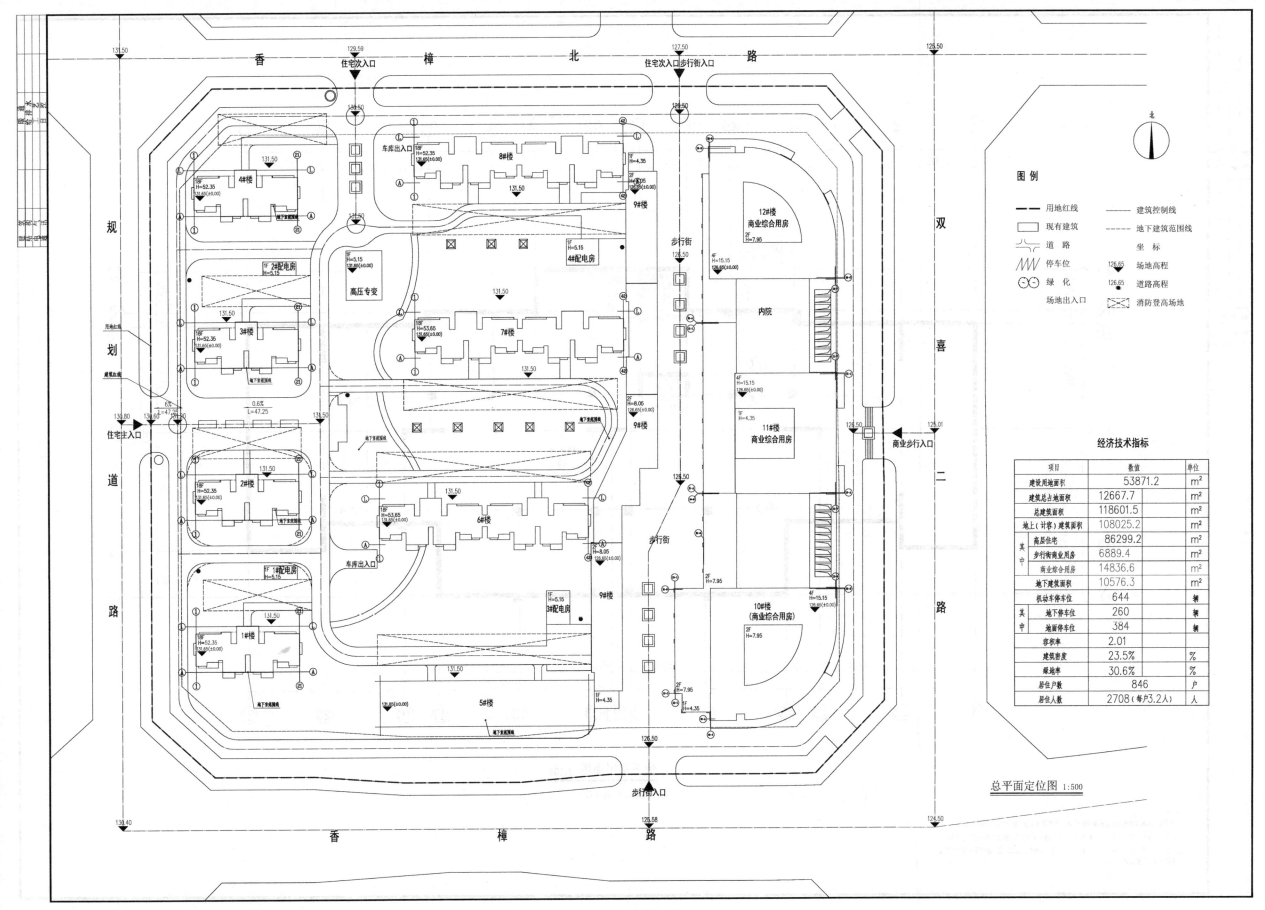

图10-1 总平面定位图

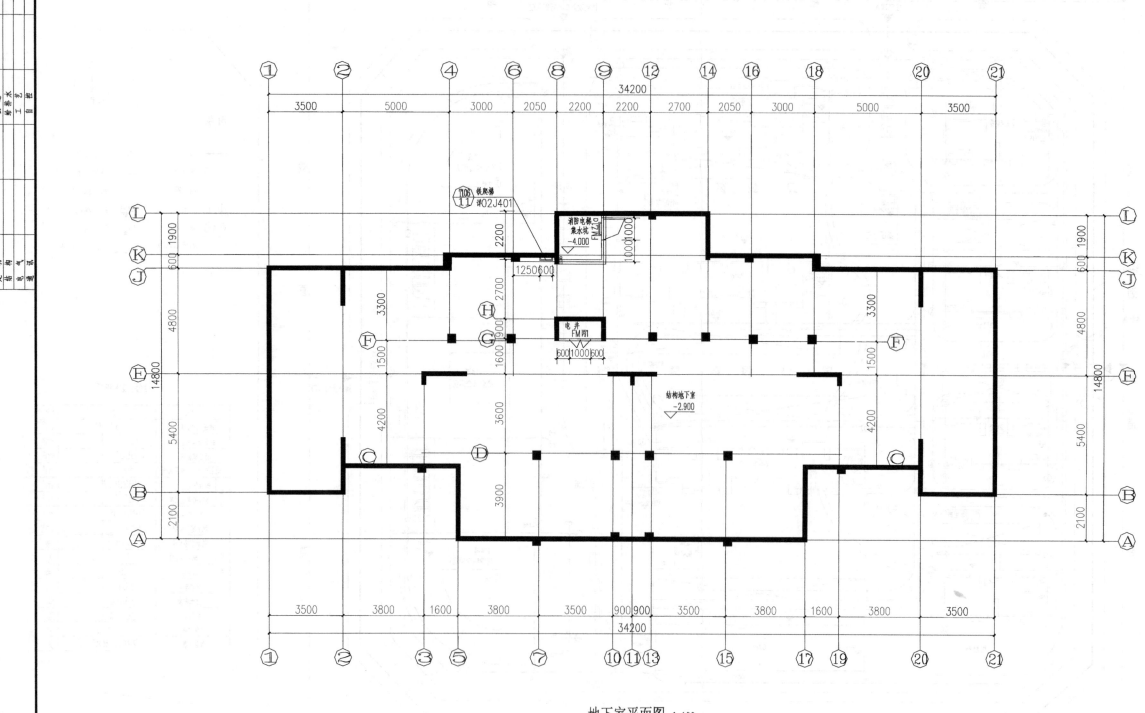

地下室平面图 1:100

本层建筑面积：404.69m²

说明：
1.地下室以结构自防水为主（抗渗等级P6），柔性防水为辅；地下室防水等级：二级.
2.地下室底板及侧墙防水做法详中南标11ZJ311，地下室顶板防水做法详中南标11ZJ311.
3.所有上下水管、电缆穿越地下室外墙时，应预理防水套管。施工时应与各设备专业工程图纸
  紧密配合，位置准确无误.

图10-2　地下室平面图

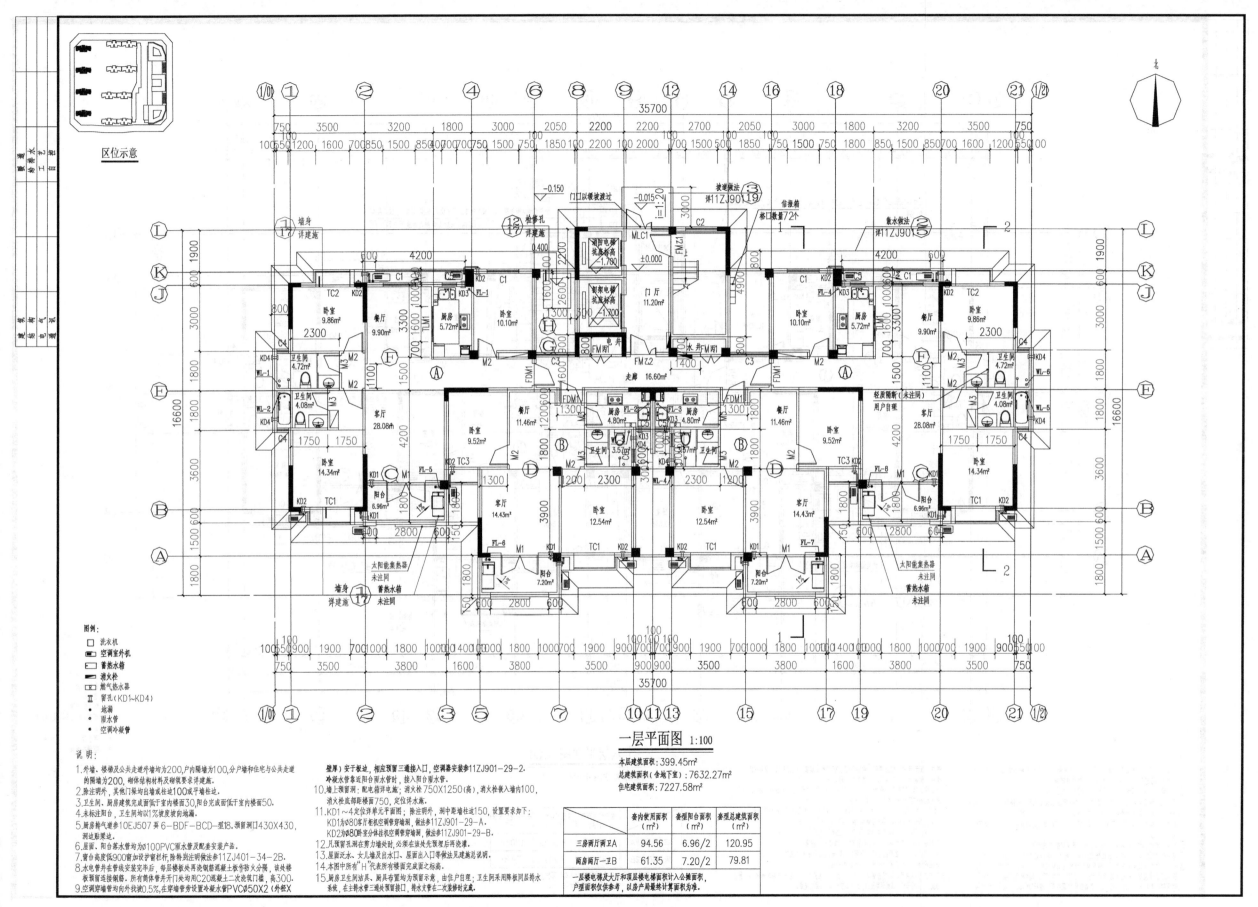

图10-3 一层平面图

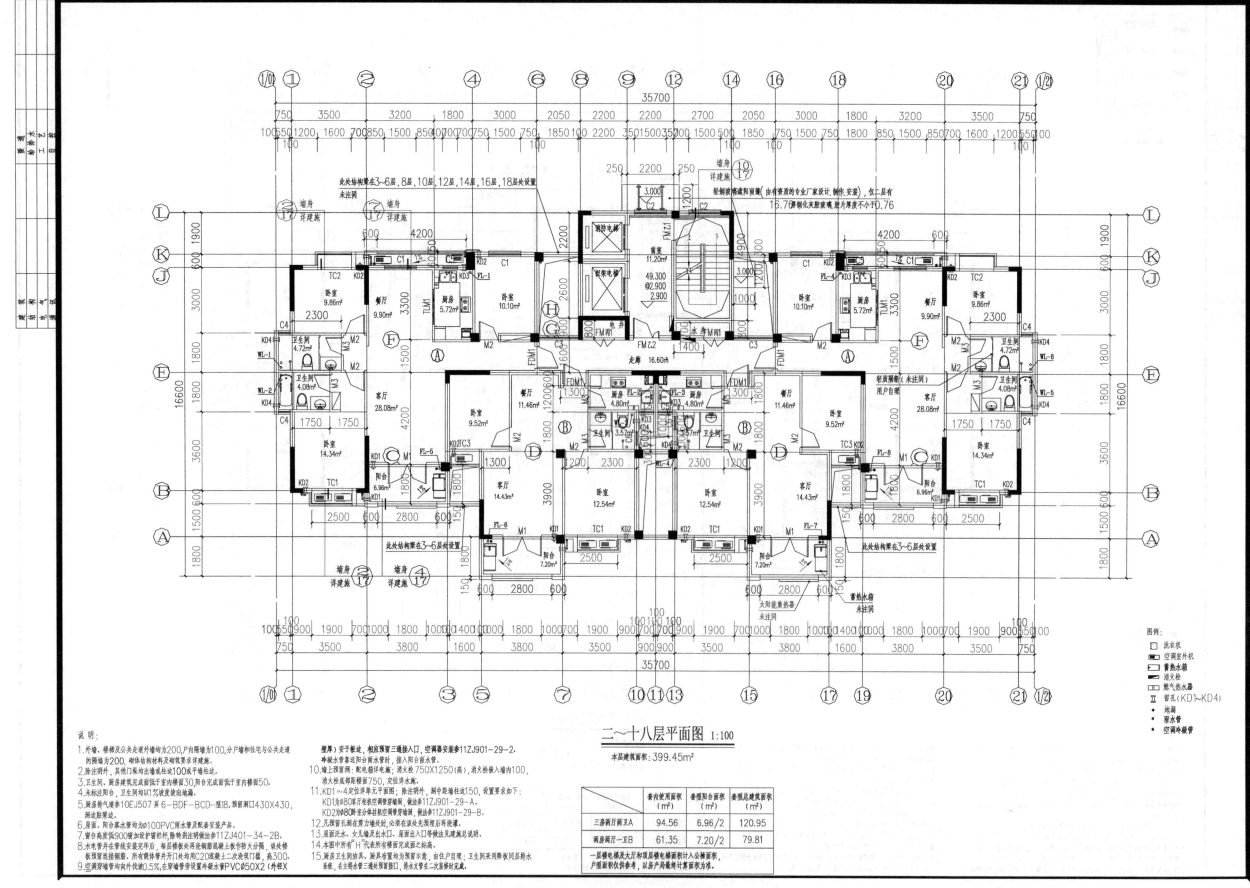

二~十八层平面图 1:100

本层建筑面积：399.45m²

	套内使用面积（m²）	套型阳台面积（m²）	套型总建筑面积（m²）
三房两厅两卫A	94.56	6.96/2	120.95
两房两厅一卫B	61.35	7.20/2	79.81

一层楼电梯及大厅和顶层楼电梯面积计入公摊面积，
户型面积仅供参考，以各户房屋最终计算面积为准。

说 明：
1.外墙、楼梯及公共走道外墙均为200，户内隔墙为100，分户墙和住宅与公共走道
  的隔墙为200，砌体结构材料及砌筑要求详建施。
2.除注明外，其他门垛均出墙或柱边平墙柱边。
3.卫生间、厨房建筑完成面低于室内楼面30，卫生间完成面低于室内楼面50。
4.未标注阳台、卫生间均以1%坡度坡向地漏。
5.厨房排气道参10EJ507页6-BDF-BCD-型18。预留洞口430X430，
  洞边影梁过。
6.屋面、阳台落水管均为100PVC雨水管配套安装产品。
7.窗台高度低900窗加设护窗栏杆，除特别注明做法参11ZJ401-34-2B。
8.水电管井在普线装完毕后，每层楼板以再浇钢筋混凝土做作防火分隔，该处楼
  板预留连接孔洞。所有墙体管井开门处均用C20混凝土二次浇筑墙门槛，高300。
9.空调穿墙管均向外找坡0.5%，在穿墙墙旁设置冷凝水管PVCø50X2（外径X

  壁厚）安于板边，相应预留三通接入口，空调器安装参11ZJ901-29-2。
  冷凝水管靠近阳台侧雨水管时，接入阳台雨水管。
10.墙上预留洞洞：配电箱详电施；消火栓750X1250（高），消火栓嵌入墙内100，
   消火栓底部距楼面750，定位详施。
11.KD1~4定位详单元平面图；除注明外，洞口中距墙柱边150，设置要求如下：
   KD1为ø80厨房柜机空调管穿墙洞，做法参11ZJ901-29-A。
   KD2为ø80挂壁分体柜机空调管穿墙洞，做法参11ZJ901-29-B。
12.凡预留孔洞剪力墙时，必须在该处先预埋后再浇灌。
13.屋面泛水、落水及出水口、屋面出入口等做法见建施总说明。
14.本图中所有"H"代表与楼面完成面之标高。
15.厨房卫生间洁具、厨房柜布置仅为预留示意，由住户自理；卫生间采用降板同层排水
   系统，在主排水管三通处预留接口，排水支管在二次装修时完成。

二~十八层平面图

图10-4 二~十八层平面图

图例：
□ 洗衣机
▭ 空调室外机
□ 蓄热水箱
— 消火栓
• 燃气热水器
Ⅱ 留孔（KD1~KD4）
• 地漏
• 雨水管
• 空调冷凝管

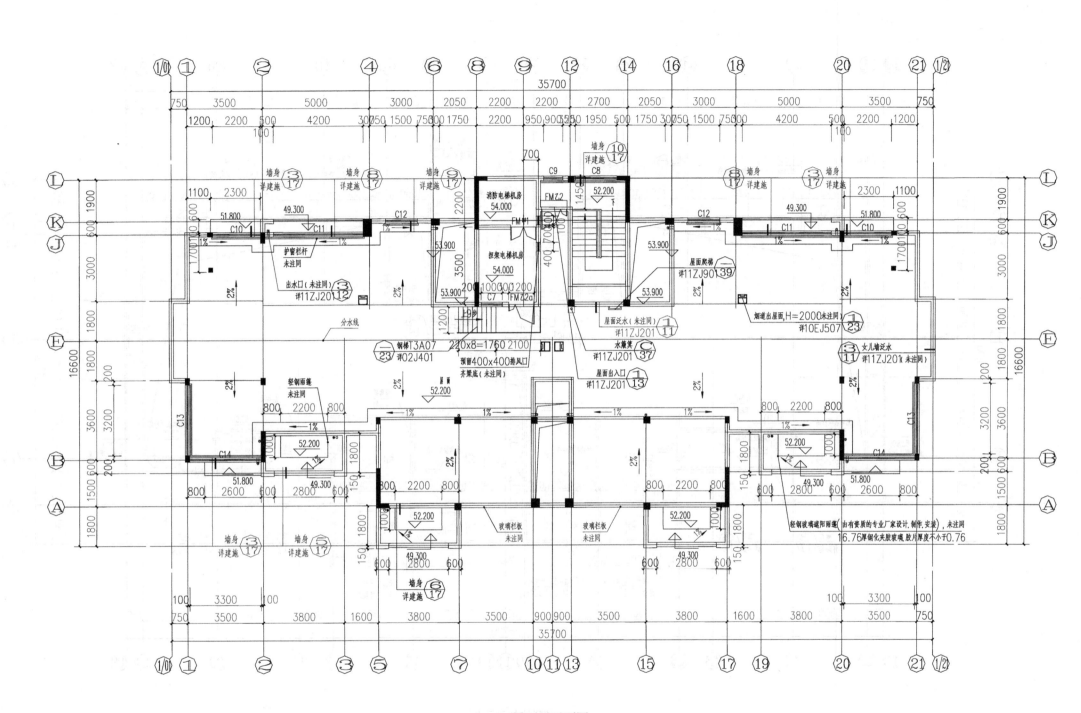

屋顶层平面图 1:100

本层建筑面积:37.48m²

说明:
1.所有高出屋面的墙体在高出屋面300以内须用C20素混凝土砌筑.
2.屋面与高出屋面砌体交接处的抹灰均须做成圆弧形或135度钝角.
3.做屋面防水层前须仔细检查穿屋面管井或管道冒顶是否有遗漏,
  避免做好防水层后再打洞.
4.屋面找坡坡向雨水口,在雨水口周围坡度加大形成积水区,雨水口
  位置及坡度坡向详屋顶平面.
5.窗台高度低900窗加设护窗栏杆,除特别注明做法参11ZJ401-34-2B.

图10-5 屋顶层平面图

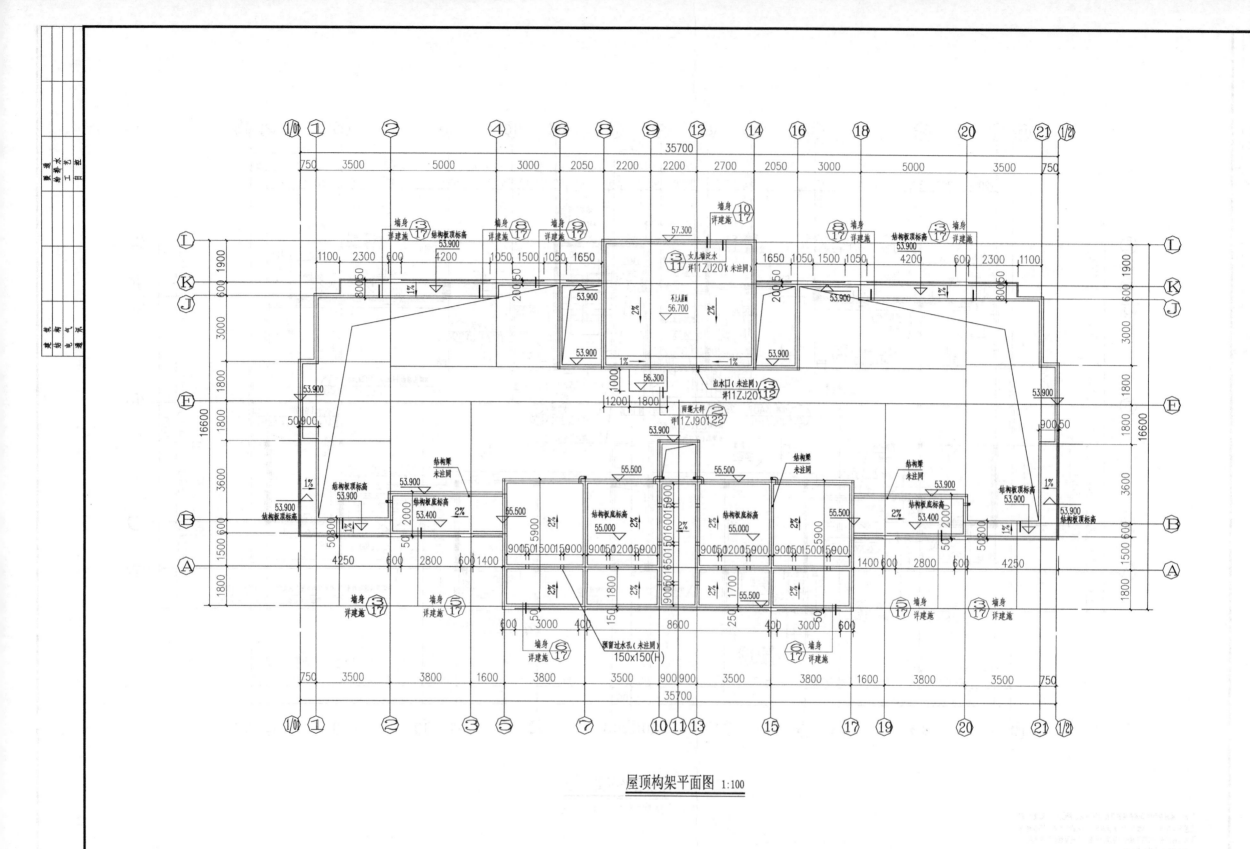

屋顶构架平面图 1:100

图10-6 屋顶构架平面图

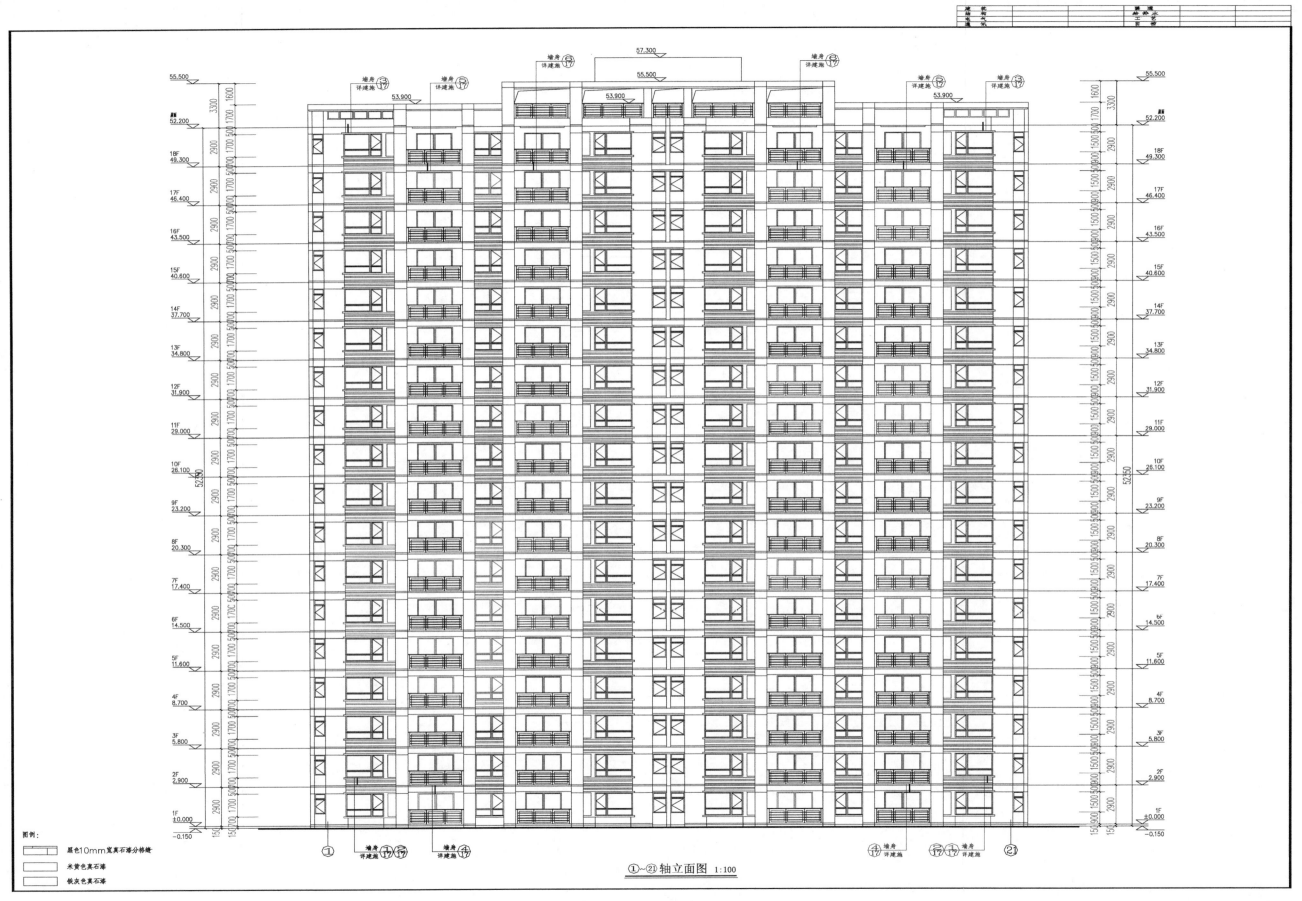

①~㉑轴立面图 1:100

图例：
黑色10mm宽真石漆分格缝
米黄色真石漆
铁灰色真石漆

图10-7 ①~㉑轴平面图

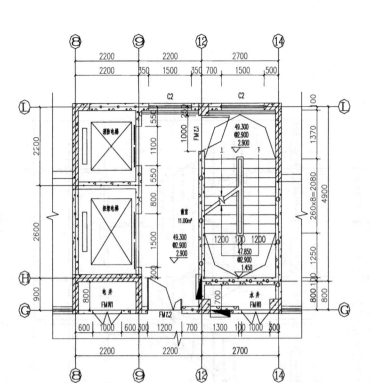

核心筒二~十八层平面图 1:50

图 10-8 核心筒二~十八层平面图

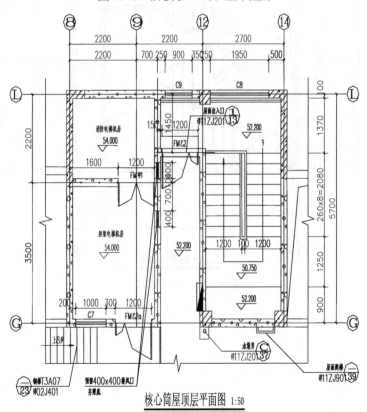

核心筒屋顶层平面图 1:50

图 10-9 核心筒屋顶层平面图

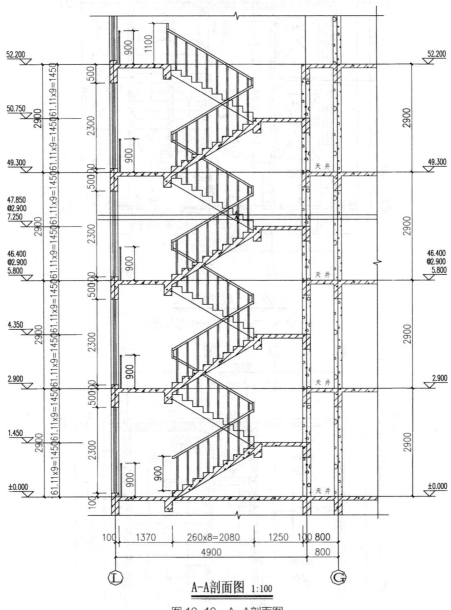

<u>A-A剖面图</u> 1:100

图 10-10　A-A剖面图

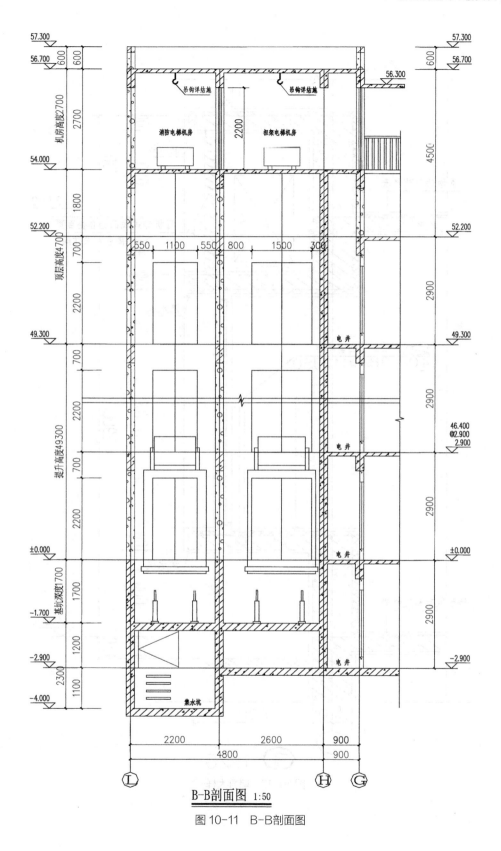

B-B剖面图 1:50

图10-11　B-B剖面图

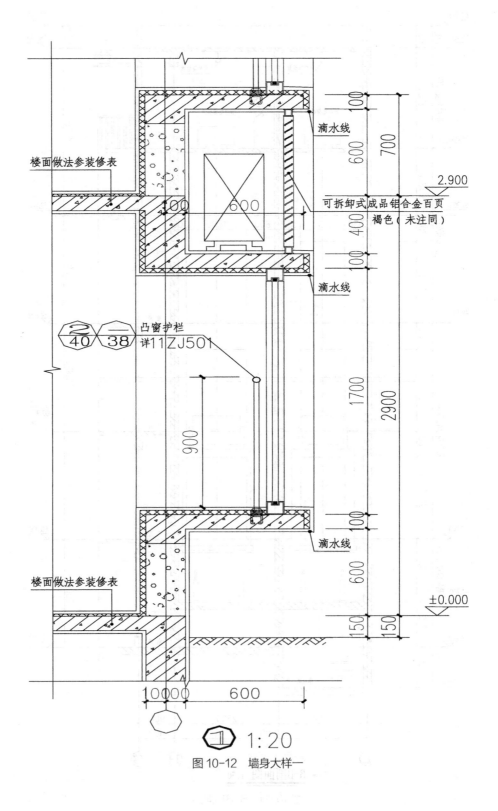

楼面做法参装修表

滴水线

可拆卸式成品铝合金百页
褐色（未注同）

楼面做法参装修表

凸窗护栏
详11ZJ501

滴水线

滴水线

2.900

±0.000

图 10-12 墙身大样一

1:20

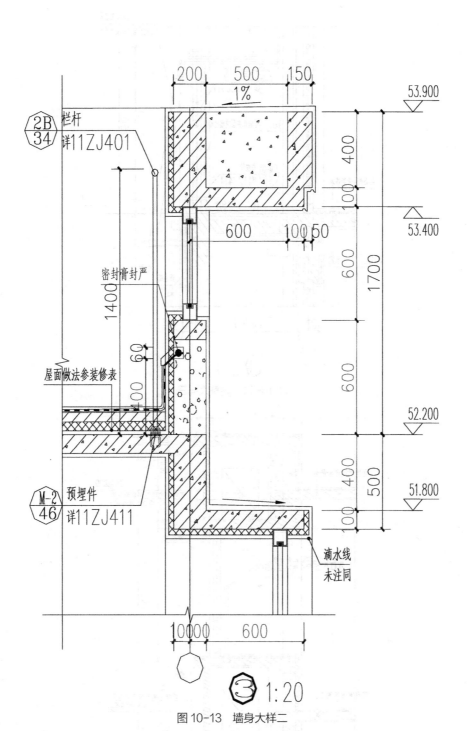

200　　500　　150

1%

53.900

400

100

53.400

600　　100 50

600

1700

栏杆
详11ZJ401

密封膏封严

1400

600

60

屋面做法参装修表

52.200

100

M-2
46　预埋件
详11ZJ411

400

500

100

51.800

滴水线
未注同

10000　　600

③　1:20

图10-13　墙身大样二

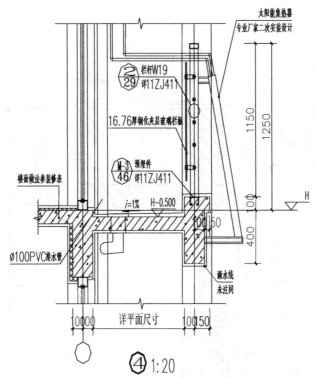

图 10-14　墙身大样三

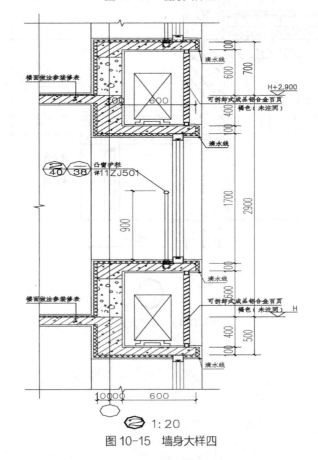

图 10-15　墙身大样四

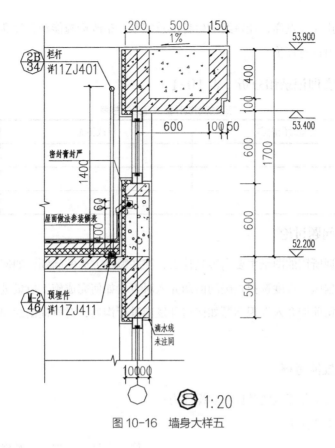

图 10-16　墙身大样五

10.2.3　实训目的

（1）训练学生根据前期介入工作的目的运用识图与房构的知识正确地识读该项目的设计图纸；

（2）培养学生从物业的视角审视项目规划、功能、建筑等的合理性，为物业的增值、使用以及有利于物业管理创造条件的职业能力；

（3）训练学生根据施工进度选择正确的前期介入时点，以及对施工质量进行监督和控制的能力；

（4）指导学生能较好地完成对规划设计问题的收集、反馈，并制定可行的与开发商协调及问题跟踪落实的方案。

10.2.4　实训步骤

（1）将学生分组，老师讲解实训任务和实训要求；

（2）以组为单位制定实训计划，由组长领导分派实训任务、阅读设计图纸；

（3）从物业管理的角度指出对该项目规划设计的不足，以组为单位讨论后填写《规划设计整改意见汇总表》，并完成你认为可行的整改措施，将表填写完整后上交；

（4）参观周围某建筑物，找出损坏问题，汇总上报（附照片），将可以通过前期介入避免的损坏找出，在老师的引导下制定施工阶段前期介入的工作方案和质量控制措施；

（5）由老师扮演开发商，让每组学生将汇总问题、整改措施能和开发商进行沟通，老师对学生的沟通能力进行评价。

10.2.5　实训记录和分析（表10-1）

项目规划设计整改意见汇总表　　　　　　　表10-1

序号	需整改的内容	整改措施	备　注

10.2.6　问题讨论

（1）本次实训所用的图纸主要内容是什么，存在哪些方面的问题？如何整改？

（2）如何根据施工进度选择正确的前期介入时点，如何完成施工质量进行监督和控制？

（3）物业公司前期介入发现问题如何与开发商进行沟通，对所提出的问题进行整改，有哪些工作技巧？

10.2.7　技能考核

（1）前期介入工作要点的掌握和实操能力；

（2）协调和沟通能力。

优＿＿＿良＿＿＿中＿＿＿及格＿＿＿不及格＿＿＿

10.2.8　前期介入知识点连接

前期介入知识点链接见二维码6。

二维码 6

10.3　物业接管验收实训

10.3.1　实训任务

模拟完成接管验收工作，有条件的学校可以将本实训安排在学生顶岗实训阶段完成，最好能结合拟将接管的项目完成的接管验收工作。

10.3.2　实训目的

通过实训让学生熟悉接管验收的标准和工作程序，训练学生的组织协调和团队协作能力。

10.3.3　实训步骤

（1）老师将学生分组，一组扮演开发商角色，一组扮演物业公司，由开发商拟定《××

项目接管验收通知单》，并在自行定义的时间将其送递到物业公司；

（2）物业公司根据《接管验收通知单》时间，拟定接管验收工作时间，组成接管验收小组按要求配备所需的专业人员和数量，由各组组长在教师指导下完成接管验收培训；

（3）教师找出本校工程资料较齐全的一栋建筑物让学生模拟完成接管验收；

（4）接管验收小组根据项目的硬件条件和数量制定《物业接管验收方案》《物业项目移交表》等；

（5）物业公司验收小组与开发商一起利用验房工具对房屋质量、使用功能、外观设备、公共配套设施设备等进行接管验收，填写相关表格，符合要求的房屋移交钥匙和相关资料，对不符合标准的项目进行汇总，并填入整改汇总表，交与开发商，由开发商负责整改；

（6）由老师评阅学生上交的接管验收相关表格的记录情况，并对学生的完成情况和实操能力进行评价。

10.3.4 实训记录和分析（表10-2～表10-4）

楼宇接管资料移交清单 　　　　　　　　　　表10-2

序号	移交资料名称	单位	数量	备注

屋面房屋接管查验表 　　　　　　　　　　表10-3

分项工程		检验要点	备 注
屋 面	保证项	防水层无渗漏，通过观察，必要时进行测试	
		广告牌、沿口等固定牢固	
		屋面金属物体均做可靠防雷接地	
	基本项	无非法占用、改建及搭建	
		女儿墙完整无污染	
		隔热层完好，面层砖无破损	
		屋面管网及避雷带无损坏或锈蚀	
		天面无积水、杂物	
		排水沟、排水口完好畅通	

项目移交整改意见汇总表 　　　　　　　　　　表10-4

序号	需整改的内容	整改措施	备注

10.3.5　问题讨论

（1）接管验收时间如何确定？

（2）本次接管验收的工作程序是什么，如何对房屋完成接管验收工作？

（3）如何解决接管验收中需要整改的问题？

10.3.6　技能考核

（1）接管验收工作准备、实操能力；

（2）协调和沟通能力。

优____良____中____及格____不及格____

10.3.7　接管验收知识点链接

接管验收知识点链接见二维码7。

二维码 7

10.4　装修手续的办理和装修图纸的审核

10.4.1　实训案例

业主收房完毕后找到合适的装修队伍后就开始大张旗鼓地装修了，保安李冰现场巡逻时发现13栋-3-301和401业主没有到物业办理装修手续就开始装修了，而且301业主请的是私人装修队伍没有营业执照。李冰责令其停工办理装修手续，业主王女士说装修是业主家里的事情与物业无关，让物业给他一个合理的解释，否则她就报警告物业私闯民宅。工程部张经理让刘刚和他明天一起去和业主沟通，争取尽快地让业主认识到装修管理的重要性。刘刚思索了好久，决定做个ppt，把因业主不规范装修所引起房屋损坏的图片和案例以及装修手续办理的程序、相关装修须知等一同展示给业主，让他们能更好地认识到装修管理的重要性，以配合物业做好装修管理工作。第二天刘刚和张经理来到了业主家，将ppt展示给业主，特别是当看到房屋损坏的图片时，刘刚用专业知识解释为什么不当装修会引起房屋损坏，以及给自身和其他业主带来的损失等。王女士急忙拿出装修图纸让张经理审核，发现装修图纸上有了很多改动从房屋的安全性能角度上是不允许的，张经理一一填写了《装修图纸审核意见汇总表》，并建议张女士更换一家有经验的正规装修公司装修。避免造成更大的装修损失。

教师活动：

（1）展示房屋损坏图片，进行引导性讲解让学生通过图片认识到不规范装修对房屋的影响。

（2）下发作业单和王女士家的装修图纸，让学生通过作业单的指引完成本章的自学，并利用以前所学的知识找出不合理的设计（图10-17、图10-18）。

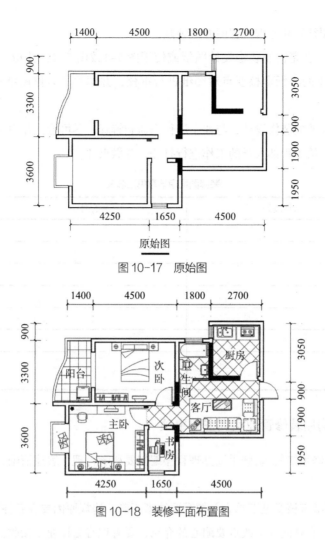

图 10-17　原始图

图 10-18　装修平面布置图

10.4.2　实训任务与目的

（1）能设计出科学合理的装修手续的办理程序，并完成装修手续的办理工作；

（2）能正确完成业主装修图的审核；

（3）并对要修改问题的原因给业主科学合理的解释。

10.4.3　人员分组及任务安排

学生进行分组（共二组），一组为物业公司装修管理人员，另一组为装修业主。装修管理人员主要完成编制《业主装修须知》、拟定装修手续办理程序、装修图纸审核等工作，装修业主：按照《装修须知》和装修手续办理程序办理装修手续。

10.4.4　实训内容及实训步骤

（1）学生分组，分别扮演装修业主和物业公司工作人员；

（2）物业公司装修管理人员编制《业主装修须知》、拟定装修手续办理程序打印出来发给业主，业主按照须知和办理流程图办理装修；

（3）给学生一套完整的装修设计图纸或使用图5-1或图5-2，让扮演物业工作人员的学生结合上课所学的图纸审核要点对图纸进行审核，并填写《装修图纸审核意见汇总表》（表10-5）；

（4）对需要修改的装修设计，与业主进行沟通和解释，尽可能让业主对违规的设计进行整改；业主扮演者给工程部人员的工作进行打分，并做点评。

装修图纸审核意见汇总表 表10-5

序号	需整改处	图纸编号	备注
1			
2			
3			
4			
装修注意事项			

10.4.5 房屋装修管理实训主要事项

（1）《业主装修须知》、装修手续办理程序编制要科学合理，表述清晰，打印出来发到每个业主手中；

（2）《装修图纸审核意见汇总表》填写要清晰正确，违规原因要在备注栏描述清楚；

（3）对于业主有疑问的整改点要耐心的介绍，要有理有据让业主接收。

10.4.6 问题讨论

（1）房屋装修管理的作用是什么？

（2）装修图纸审核要点是什么？

10.4.7 技能考核

（1）图纸审核能力；

（2）学生表述和沟通能力。

优___良___中___及格___不及格___

10.4.8 装修管理知识链接

装修管理知识链接见二维码8。

二维码8

10.5　教学楼完损等级评定

10.5.1　实训任务与目的

以3栋教学楼为一个物业管理单元，让学生通过现场查勘，掌握每栋各结构构件的使用状况、房屋查勘工作过程及完损等级的评定方法。

10.5.2　人员分组及任务安排

学生进行抽签分组（共三组），以组为单位完成其中一栋房屋查勘工作：房屋完损状况检查任务的分配、编制完损检查登记表、房屋完损等级评定工作。

10.5.3　实训内容及实训步骤

（1）接受查勘任务，组织本组查勘人员到负责查勘的建筑进行实地考察；

（2）结合建筑物现场的情况按房屋的结构、装修、设备三大组成部分中各个分项绘制完损等级评定表，可参考表10-6完成；

房屋完损状况查勘表　　　　　　　　　　　表10-6

序号	分　部	项　目	权值	分数
1	结构	屋架		
2		柱		
3		承重砖墙		
4		钢筋混凝土框架构件（包括阳台）		
5		平屋面（包括晒台）		
6		瓦屋面		
7		各种屋脊		
8		各类出线、泛水烟囱		
9		各类天、斜沟		
10		各类楼地面		
11	装修	各类外粉刷		
12		各类线脚粉刷、雨篷、阳台、晒台		
13		门窗		
14		油漆		
15		内粉刷		
16		踢脚线		
17		瓷砖		
18	设备	各种照明		
19		卫生设备		

序号	分部	项目	权值	分数
20	设备	给水排水（水箱）		
21		各种落水、水管		
22		路面明沟		
23		下水道、阴井、化粪池		
24		电梯消防设备		
25		各种水泵		
26		暖气设备		
		总计分数	100	
	房屋完损等级评定			

注：查勘细项可以根据现场适当增减，评分标准要统一。

（3）编制完损定级评定标准；

（4）每组人员分工完成各部分的评定打分；

（5）汇总各完损等级评定表，给每栋建筑一个综合评定结果；

（6）结合每栋的查勘与完损等级评定结果制定房屋的维修和保养计划。

10.5.4　上交完损等级评定表

包含该栋房屋完损等级评定汇总表一份和个人打分的分表若干。

10.5.5　完损等级评定注意事项

注意处理好房屋完损等级定、房屋维修保养时工作与用户（办公和教学）之间的关系，即不要影响建筑屋内正常的教学和办公秩序。

10.5.6　问题讨论

（1）你认为完损等级评定结果是每栋一个还是每个物业管理项目有一个？

（2）如何根据完损等级评定结果拟定房屋的维修与保养计划？

10.5.7　技能考核

（1）房屋查勘能力；

（2）运用评定标准进行房屋完损等级评定的能力。

优____良____中____及格____不及格____

10.5.8　房屋完损等级评定知识点链接

房屋完损等级评定知识点见二维码9。

二维码9

参考文献

[1] 陆云. 房屋修缮与预算［M］. 北京：高等教育出版社，2003.

[2] 何石岩. 房屋管理与维修［M］. 北京：机械工业出版社，2009.

[3] 韩继云. 建筑物检测鉴定［M］. 北京：化学工业出版社，2008.

[4] 王振斌. 建筑构造［M］. 北京：科学出版社，2007.

[5] 肖博成. 住宅工程质量分户验收–指南与实例［M］. 北京：中国建筑工业出版社，2006.

[6] 刘文新. 房屋维修技术与预算［M］. 武汉：华中科技大学出版社，2006.

[7] 张伟. 物业修缮技术［M］. 北京：科学出版社，2010.

[8] 范锡盛. 建筑物改造与维修加固新技术［M］. 北京：中国建材工业出版社，1999.

[9] 廖天平. 建筑工程定额与预算［M］. 北京：高等教育出版社，2007.

[10] 刘群. 房屋维修与管理［M］. 北京：高等教育出版社，2003.

[11] 张艳敏. 房屋管理与维修实务［M］. 北京：清华大学出版社·北京交通大学出版社，2008.

[12] 总参工程兵科三研. GB 50108—2008地下工程防水技术规范［S］. 北京：中国计划出版社，2001.

[13] 山西建筑工程（集团）总公司等. GB 50208—2011地下防水工程质量验收规范［S］. 北京：中国建筑工业出版社，2011.

[14] 山西建筑工程(集团)总公司等. GB 50345—2012屋面工程技术规范［S］. 北京：中国建筑工业出版社，2012.

[15] 中华人民共和国住房和城乡建设部. GB 50207—2012屋面工程质量验收规范［S］. 北京：中国建筑工业出版社，2012.

[16] 中华人民共和国住房和城乡建设部. JGJ/T 53—2011房屋渗漏修缮技术规程［S］. 北京：中国建筑工业出版社，2011.

[17] 中华人民共和国住房和城乡建设部. JGJ/T 235—2011建筑外墙防水工程技术规程［S］. 北京：中国建筑工业出版社，2011.

[18] GB 50352—2019民用建筑设计统一标准［S］. 北京：中国建筑工业出版社，2019.

[19] 中南地区建筑标准设计协作组办公室. 中南地区建筑标准设计建筑图集（第3集）［M］. 北京：中国建筑工业出版社，2005.

[20] 中国建设教育协会. 质量员专业管理实务［M］. 北京：中国建筑工业出版社，2007.

[21] 舒秋华. 房屋建筑学［M］. 武汉：武汉理工大学出版社，2015.

[22] 孙鲁. 建筑构造［M］. 北京：高等教育出版社,2010.